生物质锅炉
燃烧技术及案例

SHENGWUZHI GUOLU
RANSHAO JISHU JI ANLI

孙风平　编著

U0309308

中国电力出版社
CHINA ELECTRIC POWER PRESS

内 容 提 要

本书以生物质锅炉燃烧实用技术案例为重点，对生物质锅炉燃烧技术进行了详细阐述；在对燃烧技术难题充分分析的基础上，给出了处理经验及解决措施。书中主要内容包括生物质锅炉燃烧的基本原理、生物质锅炉燃烧设备、生物质锅炉调试、生物质锅炉运行及生物质锅炉燃烧实用技术案例。

本书语言通俗，案例丰富，可供生物质电厂运行及检修人员使用，也可供相关专业技术人员参考。

图书在版编目（CIP）数据

生物质锅炉燃烧技术及案例/孙风平编著. —北京：中国电力出版社，2014.1（2021.10重印）

ISBN 978‐7‐5123‐5056‐4

Ⅰ. ①生…　Ⅱ. ①孙…　Ⅲ. ①生物燃料‐锅炉燃烧　Ⅳ. ①TK227.1

中国版本图书馆 CIP 数据核字（2013）第 248363 号

中国电力出版社出版、发行

（北京市东城区北京站西街 19 号　100005　http://www.cepp.sgcc.com.cn）

三河市航远印刷有限公司印刷

各地新华书店经售

*

2014 年 1 月第一版　2021 年 10 月北京第三次印刷

850 毫米×1168 毫米　32 开本　7.375 印张　195 千字

印数 4001—5000 册　定价 **36.00** 元

前 言

生物质锅炉床层燃烧是生物质电厂的核心技术，关系着生物质电厂的成败。该锅炉燃烧技术从国外引进后，由于国内外入炉燃料存在很大的差别，很多理论与国内的实际不符（例如进入炉膛的热风温度193℃太低，锅炉受热面布置不合理），还没有形成类似煤粉锅炉燃烧那样的成熟技术。笔者在国能生物发电技术咨询有限公司从事锅炉技术工作，迫切感受到生物质燃烧是一个亟待解决的问题。

生物质锅炉燃烧技术的不成熟，燃料的品种、质量存在问题，使得生物质电厂锅炉燃烧很不理想，燃料标杆单耗居高不下，机械和化学不完全燃烧产物太高，燃烧不能完全。烟气中携带着大量可燃物，使锅炉受热面遭受磨损及腐蚀，大大缩短了运行周期。

从国内已经运行的生物质电厂来看，重要的工作就是锅炉燃烧，关键的事项就是燃料的品种、质量。上述问题得不到解决，生物质电厂作为绿色环保能源企业在我国就会举步维艰、难以为继。

生物质锅炉燃烧技术的论述书籍在我国还很少，尤其是缺少具有理论高度和实验深度的读本。出于对锅炉事业的热爱，笔者凭借一个老锅炉人的经验，探讨出一套适合国情的、通俗的、切合实际的、有实际指导意义的锅炉燃烧技术。

本书第5章是笔者在基层生物质电厂工作时，遇到的锅炉燃烧技术难题在分析解决的过程中得出的经验和解决措施。希望对有志于生物质锅炉研究的学者，会有所启发。

在编写本书的过程中，得到了国能生物发电集团公司常务副总裁刘建国、生产技术部高级工程师宋宏伟、技术咨询公司高级工程师李宗瑞、华东分公司工程师仝元华的大力支持和帮助。尤其是我的老师山东黄台电厂退休工程师李志华给予了很大帮助，在此一并表示感谢。

限于经验和水平，书中疏漏和不足之处，恳请各位专家和读者不吝批评指正。

孙凤平

2013 年 12 月

目 录

1 生物质锅炉燃烧的基本原理

1.1 生物质燃烧过程

生物质通过化学的热解、气化和燃烧作用，转化为热量。就是将光合作用生成的生物质（树皮、树根、棉花秸秆、玉米秸秆、小麦秸秆和各种稻壳等），通过锅炉燃烧，发出热量，也就是再生能源的利用。

生物质燃烧成本低，风险低，效率高。减少污染物（SO_2、NO_x 等）和温室气体（CO、CH_4 等）的排放，保护生态环境。

一、概述

干燥和热解是生物质燃烧的初级阶段，各个阶段的重要性各不相同，取决于燃烧技术、燃料特性和燃烧过程等条件。利用高温空气，可将干燥过程固定碳燃烧过程分离。在炉排上各个阶段位置不同、燃烧时间段不同，挥发分和固定碳燃烧阶段有着明显区别。生物质颗粒在燃烧过程中会出现重叠现象。

燃料进入炉排，在一定时间里，经历了干燥—挥发分析出—固定碳氧化过程。

二、相关名词解释

1. 干燥

水分在较低温度时（<100℃）已经开始蒸发。因为蒸发利用了燃烧过程释放的能量，这就降低了燃烧室温度，并延缓燃烧进程。例如，根据国能生物质电厂的实验证明，在燃用树皮时，含水量超过45％时锅炉燃烧工况很难构成；超过60％，将无法

维持正常燃烧。湿燃料需要相当的热量来蒸发其中的水分，随后加热蒸汽，这时温度低于燃烧所需的最低温度。某企业的其中一个电厂就是因为燃料水分太大，带不满负荷、湿蒸汽膨胀，致使引风机出力达到最大，燃烧严重缺氧。现在该企业各电厂都在采用燃料晾晒的办法，减少燃料水分含量。

2. 热解

热解指挥发分释放过程中，缺氧状态下燃料的化学变化。热解产物主要有焦油、木炭和低分子气体，CO 和 CO_2 产生的数量较多。燃料的种类、温度、压力、升温速率和反应时间都会影响热解产物数量和特性。

燃料温度升高时，首先发生干燥，当温度达到 470℃，燃料开始热解，热解速率随着温度升高而加速。

根据实验，黄秆生物质锅炉的点火风不宜开启太大，以保持炉排前部的温度，利于燃料的干燥和分解。

当温度达到 670℃时，大部分挥发分析出，热解速度迅速下降。热解质量损失主要发生在高温区。

3. 气化

气化定义为有氧化剂参与的热解过程，是指将固体燃料转化为气体燃料的热化学过程。温度一般在 1000℃ 以上，生物质气化就是利用空气中的氧气作气化剂，将固体燃料中的碳氧化生成可燃气体的过程。

根据经验，在气化过程中，一定要加强该区域的二次风，以利于燃烧完全。

4. 燃烧

燃烧是指燃料与氧结合，在炉膛高温区产生的强烈氧化还原反应，释放出热量。燃烧分为以下三个阶段：

（1）预热阶段。该阶段主要依据燃料的挥发分和干燥程度来进行。

（2）燃烧阶段。该阶段是锅炉燃烧的根本，需要保持较高的炉膛温度和充分的氧量，80% 的可燃物在 1~2s 的燃烧时间里完成，需要尽量地增加燃尽时间，以保障燃烧程度。

（3）燃尽阶段。该阶段的燃烧时间长，20%的可燃物在80%的时间里燃烧完尽，因此，锅炉上层的燃尽风一定要跟上，并且要有足够的温度。

1.2 影响燃烧过程的变量

一、含水量

不同种类燃料的含水量区别很大，取决于燃料种类和储存方式。为了保持生物质燃烧稳定性，在使用之前需要晾晒（有条件时要增设干料棚）。含水量增加会降低炉膛蓄热温度，增加燃料在燃烧室的不完全燃烧。含水量过大是国能生物质电厂带不上负荷的主要原因。含水多的燃料着火困难，影响燃烧速度，使炉内温度降低，使机械和化学不完全燃烧热损失增加，当燃料水分大于45%时，燃烧就非常困难。在燃烧过程中，水分因蒸发、汽化要消耗大量的汽化热。水分含量大的燃料其燃烧后的烟气体积较大（水变为蒸汽比体积增加了1200倍），由于出口烟气有130℃左右温度，因此随烟气带走的热量损失较多（此现象可以通过烟囱的排烟，观测到呈现大量乳白气体），锅炉的热效率就较低。此外，烟气体积增加，引风机消耗的电能也随之增加，引风机功率增加了，使得烟气流速加快，燃烧上移，很难构建合理的燃烧工况，保障炉排燃烧动力平衡（养不住底火）。

烟气流速加快使得烟气携灰量也增加，加速了对炉膛尾部受热面的磨损。

二、发热量

（一）概念

（1）高位发热量（湿基）。指1kg燃料在单位时间里完全燃烧所放出全部的热量，单位MJ/kg。

（2）低位发热量（干基）。是燃烧热量中，去掉燃烧时生成的汽化潜热（水蒸气）所释放的热量，单位MJ/kg。

(二)影响发热量的因素

影响发热量的一般因素是燃料中的水分、灰分和杂质,这也是国内生物质电厂共同存在的问题(燃料水分和灰分过大的问题不解决,生物质发电企业是很难发展的)。过湿、过长的燃料在取料机、给料机里堵塞,在炉排上烧不透,增加了不完全燃烧损失(某电厂由于入炉燃料灰分通常大于40%,所以长期带不上高负荷)。

三、过量空气系数

理论空气量与实际空气量的比值叫做过量空气系数。

生物质锅炉的燃烧过量空气系数要大于1,通常大于1.25,以保证助燃空气与可燃物的充分混合。

过量空气系数沿用了煤粉锅炉的数据,现在无权威论证。实际的锅炉燃烧因生物质挥发分高、燃烧速度快,应该是富氧燃烧。

过量空气系数主要是通过二次风来提供,实践证明,上层二次风要尽量大,以过热器不超温为原则,以利于燃烧工况的构建和燃料的燃尽。试验证明:生物质锅炉燃烧氧量任何时候都要大于3%,当炉膛温度能够保持较高时,氧量保持在3%~5%才能够燃烧完全。因为生物质颗粒不均、燃烧区域不同,富氧燃烧就成了生物质锅炉区别于煤粉锅炉的一个显著特点(国内某电厂的前、后上二次风开到40%以上、氧量为5%,燃烧工况良好,过热器区域的灰为灰白色,可以认为是国内生物质锅炉燃烧的样板;丹麦生物质锅炉一、二次风率比例:黄秆锅炉为3:7,灰秆锅炉为4:6)。可是现在国内生物质锅炉大多没有照此办理,主要原因是国内燃料质量太差,水分、灰分的含量太高。许多生物质锅炉风率比例变成了5:5或者8:2。尤其是黄秆锅炉一次风用少了就不能浮动厚料层、减少料层厚度,炉膛蓄热就不能满足高负荷。

四、空气温度

生物质电厂锅炉的热风,采用的是除氧器来水加热空气的方法，因此，需要尽量提高风温，促成炉排高端着火。

五、燃料种类

不同种类燃料的不同特性影响着燃烧过程，其中主要影响因素为燃料组分、挥发分和固定碳含量、热性能、密度、孔隙率、尺寸和活性表面等。燃料组分随燃尽程度不同而发生持续变化。与煤相比，生物质通常挥发分含量较高，固定碳含量较低，属于高活性燃料。但不同生物质燃料的挥发分含量不同，影响燃料的热性能。各种生物质燃料的不同化学结构和结合键也影响燃料的热性能。表现出挥发分析出规律明显不同。不同生物质燃料的密度也有较大的不同，例如，树皮和稻壳的密度相差很大。燃料密度大，影响了单位燃烧室容积，同时也影响燃料燃烧特性。孔隙率影响燃料的反应性（单位时间质量损失），影响挥发分析出速率。尤其当粉状燃料燃烧时，烟气中携带大量的颗粒物，小颗粒在燃烧室中停留时间短，如不能压制火焰，势必造成火焰上升，化学不完全燃烧热损失增加，引风机叶轮磨损。某生物质电厂调试期间，燃烧稻壳，锅炉引风机叶轮一个月之内就磨透了。

六、燃烧温度

燃烧温度是锅炉燃烧的基础，燃烧温度不够就不能形成燃烧的优化，就无法保障燃烧的完全。强化锅炉燃烧的三强理论如下：

（1）强化燃烧的初始阶段。

（2）强化高温烟气和燃料的对流换热。

（3）强化燃料燃烧时还原气氛的高浓度聚集。

不管烧什么燃料，一定要想办法保持炉膛温度，炉膛温度低于 850℃就不能形成强化燃烧。

试验证明，炉膛温度在 400℃以上锅炉点火成功，炉膛温度在 600℃以上锅炉可以形成连续燃烧，炉膛温度在 850℃以上才可能形成强化燃烧。

七、配风

有效的配风是锅炉燃烧的关键，一次风能够吹动燃料，增加空隙着火面；二次风压制火焰，形成强化燃烧。以增加燃烧时间、保持炉膛温度、减少不完全燃烧热损失（推荐某生物质电厂配风参数，以 30MW 负荷为例，锅炉总风量为 7.5kPa，一次风高端 50％、中端 60％、低端 30％，前、后墙二次风 50％，燃尽风 20％）。

1.3　生物质的组成要素

一、生物质有机燃料

1. 纤维素

纤维素是自然界中最为丰富的碳水化合物，是植物细胞壁的主要成分。例如，木材中纤维素的含量为 40％～55％，禾本科植物如小麦、稻子、玉米等的茎秆中纤维素的含量为 40％～50％，而棉花中含量则为 88％～90％。因此，可以说纤维素是自然界中最丰富的一种可再生资源。

纤维素的密度为 $1.5～1.55kg/m^3$，比热容为 $1.34～1.38J/(kg \cdot K)$。纤维素对热传导作用轴向比横向大，其值大小与纤维素的空隙度有关，热值为 18 000kJ/kg。

纤维素对水有强烈的吸着作用，这一性质是纤维素最重要的物理性质。纤维素的化学性质主要取决于分子中的茎基和醛基的化学性质，主要表现为纤维素的酯化和醚化反应、氧化反应、碱性降解和酸性水解。

2. 木质素

木质素是仅次于纤维素的一种最丰富且重要的大分子有机聚合物，存在于植物细胞壁中。木质素在木材中的含量一般为 20％～40％，在本科植物中的含量一般为 14％～25％。

二、生物质燃料的工业分析

1. 生物质的水分

（1）外表水分。生物质的外表水分是指以机械方式附着在生物质的表面及较大毛细孔中而存留的水分，是可以通过自然干燥而去掉的水分。

（2）内在水分。是指生物质以物理化学结合力吸附在生物质的内部毛细管中的水分。必须在105～110℃的温度下干燥才能除去（干燥温度借用了煤粉的试验数据，真实的生物质干燥温度有待试验）。

（3）化合结晶水。是生物质中矿物质相结合的水分，它在超过200℃时才可以分解逸出。

2. 生物质的挥发分

把样品与空气隔绝在一定的温度下，加热到一定时间后，从生物质中有机物质分解出来的液体和气体产物的总和称为挥发分。挥发分高的燃料易于着火，燃烧稳定，但是火焰温度较低。

3. 灰分

生物质中的灰分是指生物质中所有可燃物在一定温度［（815±10）℃］下完全燃烧后所剩余的残渣。灰分的熔点不低于1200℃（此值参照煤粉灰分，国家生物质燃烧科研部门未出具体数值，根据国能成安和威县电厂的经验，水冷壁后拱结焦温度大于1300℃）。

4. 固定碳

生物质试样燃烧后，其中的灰分转入焦渣中，焦渣质量减去灰分质量，就是固定碳质量。

三、燃料的基准

1. 收到基

以收到状态的燃料为基准，即包括水分和灰分内所有燃料组成的总和作为计算基准，称收到基（或应用基）。

2. 空气干燥基

以实验室条件下，自然风干的燃料试样为基准，即燃料试样与实验室空气湿度达到平衡时的燃料作为计算基准，称为空气干燥基（或分析基）。

3. 干燥基

以在烘箱中（102～105℃）烘干后失去全部游离水分（外在

水分和内在水分）的燃料试样为计算基准，称干燥基。

4. 干燥无灰基

以去掉水分和灰分的燃料作为计算基准，称干燥无灰基（或可燃基）。

四、生物质的元素分析

1. 碳含量

碳是燃料中最基本的可燃元素，1kg 碳完全燃烧时生成二氧化碳，可放出大约 33 858kJ 热量。

2. 氢含量

氢是燃料中仅次于碳的可燃成分，1kg 氢完全燃烧时，能放出 125 400kJ 的热量。

3. 硫含量

硫是生物质中的可燃成分，也是有害的成分。1kg 硫完全燃烧时，可放出 9033kJ 的热量。

4. 氮含量

氮在高温下与氧发生燃烧反应，生成 NO_x，排入空气，污染环境。

5. 磷和钾含量

它们是生物质燃料特有的可燃成分。磷燃烧后产生五氧化二磷，钾燃烧后产生氧化钾，它们就是草木灰的磷肥和钾肥。

6. 氧含量

氧不能燃烧释放热量，但加热时，氧极易使有机组分分解成挥发性物质，氧是燃料中的杂质。

7. 秸秆中各元素的含量

碳为 48.60%，氢为 5.96%，氧为 43.20%，氮为 0.91%，硫为 0.10%～0.30%。

8. 木材中各元素的含量

碳为 50.70%，氢为 6.06%，氧为 42.80%，氮为 0.37%，硫为 0.10%，

9. 收到基热值（高位发热量）

玉米秸为 19 065J/kg，玉米芯为 19 029J/kg，麦秸为19 876J/kg，稻壳为 17 370J/kg，花生壳为 22 869J/kg，棉花秸为19 825J/kg，杨木片为 19 239J/kg，松木片为 20 353J/kg。

1.4　生物质燃烧技术

生物质燃烧就是燃料在炉膛里，与高温烟气结合，产生强烈的氧化还原反应，释放出热量。

一、生物质干燥、分解

1. 预热干燥阶段

在该阶段，生物质被加热，温度逐渐升高。当温度达到100℃以上时，生物质表面和颗粒缝隙的水被逐渐蒸发出来，生物质被干燥，生物质的水分越多，干燥所消耗的热量也越多。

燃料水分越大炉排高端一次风需要量就越大。

2. 热分解阶段

生物质继续被加热，温度继续升高，达到一定温度便开始析出挥发分，就是一个热分解反应。

3. 挥发分燃烧阶段

随着温度继续提高，挥发分与氧的化学反应速度加快，当温度升到一定高度时，挥发分就连续着火（根据点火时的观察：锅炉连续着火至少需要 600℃的炉膛温度）。

4. 固定碳燃烧阶段

生物质中的固定碳在挥发分燃烧初期被包围着，氧气不能接触碳的表面，经过一段时间后，挥发分的燃烧快要终了时，氧气接触到炽热木炭，就可发生燃烧反应。

此阶段发生在炉排中端，属于典型的扩散燃烧工况。

二、燃尽阶段

固定碳含量高的生物质燃烧时间较长，而且后期燃烧速度更慢，焦炭燃烧的后期过程称为燃尽阶段。此阶段一般在火焰中心以上一直到炉膛出口，是一个燃烧温度场逐渐减弱的过程。

燃尽阶段占整个燃烧时间的 80%。

三、完全燃烧的条件

1. 足够高的温度

足够高的温度以保证着火需要的热量，同时保证有效的燃烧速度。生物质的燃点约为 250℃，其温度的提高有燃烧良好的后续燃料供给，点火过程中热量逐渐积累，使更多的燃料参与反应，温度也随之升高，当温度达到 800℃以上时，生物质便能很好地燃烧了。

2. 合适的空气量

若空气量太少，可燃成分不能充分燃烧，造成不完全燃烧损失；但若空气量过多，会降低燃烧室温度，影响完全燃烧的程度，此外会造成烟气量大，降低锅炉热效率。

3. 充分的燃烧时间

燃料燃烧具有一定的速度，达到最大的燃烧程度，以使燃烧完全需要一定的时间。燃烧调整最大的问题，就是尽量保持燃烧在炉内的停留时间，有了足够的燃烧时间，才能做到完全燃烧。

4. 氧量的及时混入

一次风足以吹动、穿透搅拌燃料；二次风强劲、快速进入，在燃烧最剧烈的燃烧中心不能缺氧，在炉膛上部燃尽区，保持足够的氧（试验表明：上层二次风尽量开大，以三级过热器不超温为使用界线，在炉膛内火焰中心以后，形成一个递次减弱的温度场）。

锅炉燃烧技术在满足上述四点时，就能够保证燃烧的良好、完全。

四、锅炉不完全燃烧

燃烧产物中，含有大量的可燃物，灰渣发黑，有时可见生料排出。燃烧气体里含有大量的一氧化碳可燃成分。

引起不完全燃烧的因素如下：

（1）炉膛温度不够，一般情况下低于 600℃时，就不能建立良好的燃烧结构。

（2）所供给的空气量不能满足燃料中可燃成分完全燃烧的需要。

（3）所供给的空气量足够，由于混合接触不好，燃烧紊乱。

（4）出现异常事故。

（5）收到基燃料水分太大，水分超过 45％以上的燃料很难保证燃烧正常。

（6）燃料颗粒太大，不利于燃烧反应的进行。

（7）燃烧的反应时间不够，炉排振动幅度过大、间隔过短，燃烧时间短。

（8）灰分太大，灰分包裹焦炭颗粒，使燃烧速度缓慢，

（9）进料太多，炉排上面料层太厚，气-固不能良性混合。

（10）进料少或者炉排料层薄蓄热能力不强。

五、生物质燃料与煤的区别

（1）含碳量较少。生物质燃料中含碳量最高的也仅 50％左右，热值较低。

（2）含氢量稍多。挥发分明显较多，生物质中的碳多数和氢结合成低分子的碳氢化合物，到一定的温度后热分解而析出挥发分，所以生物质燃料易引燃。

（3）含氧量多。生物质燃料含氧量明显地多于煤炭，它使得生物质燃料热值低。

（4）密度小。生物质燃料的密度明显的较煤炭低，质地比较疏松，易于燃尽，灰炭中残留的碳量比煤灰中的碳含量少。

（5）含硫量低。生物质燃料含硫量大多小于 0.12％，锅炉不必设置脱硫装置。

（6）生物质释放出的 CO_2 很低，可以认为是 CO_2 零排放。

（7）生物质燃烧后的灰渣可以制造化肥。

（8）生物质可以与煤混合燃烧，提高燃烧效率（此方法是国家绿色能源政策不允许的）。

（9）采用生物质燃烧可以实现生物质废物减量化、无害化、资源化利用。

六、生物质燃烧过程的注意事项

（1）生物质水分含量较多，燃烧需要较高的干燥温度和较长的干燥时间，产生的烟气体积较大，排烟热损失较高。

（2）生物质发热量低，炉内温度偏低，组织高温度的燃烧比较困难。

（3）生物质的密度小，结构比较松散，迎风面积大，容易被吹起，悬浮燃烧的比例大。

（4）生物质挥发分含量高，燃料着火温度较低，一般在250～350℃时，挥发分就大量析出并开始燃烧。此时，若空气供应不足，将会增大锅炉化学不完全燃烧损失。

（5）挥发分析出燃尽后，受到灰烬包裹和空气渗透困难的影响，焦炭颗粒燃烧速度缓慢，燃尽困难，增大机械不完全燃烧损失。

（6）生物质燃烧烟气携灰量大。烟气流速和携灰量是锅炉尾部受热面磨损的主要原因。

七、燃烧稳定性的保持

1. 适当的燃料

在一定负荷时，燃料进入太少，炉排燃料厚度薄，容易形成吹空现象。就不能稳定锅炉负荷。燃料进入太多，一次风就不能穿透，不能进行完全燃烧，捞渣机内跑生料。

2. 适当的氧量

燃烧时80％的质量损失发生在挥发分燃烧阶段，20％发生在固定碳燃烧阶段。固定碳燃烧阶段的高位发热量比挥发分燃烧阶段高。通常在挥发分燃烧阶段过量空气相对容易控制。然而，如果整体过量空气系数太低，由于空气与燃料混合不充分，将大幅增加不完全燃烧热损失。

3. 适当的燃烧时间

在整个燃烧里20％为燃烧阶段，80％为燃尽阶段。在1～2s

的燃烧阶段将会烧掉 80％ 的可燃物，所以，应该尽可能地延长燃烧阶段，增加燃尽时间。

八、生物质层燃技术

1. 层燃方式

生物质平铺在炉排上，形成一定厚度的燃料层。进行干燥、干馏、还原和燃烧。一次风从下部通过燃料层为燃烧提供氧气，分配、搅动燃料，可燃气体与二次风在炉排上方空间充分混合燃烧。

采用层燃技术开发生物质能，锅炉结构简单、操作方便、投资与运行费用都相对较低。由于锅炉炉排面积较大，炉排速度可以调整，并且炉膛容积有足够的悬浮空间，能延长生物质在炉内的停留时间，有利于生物质的完全燃烧。但生物质燃料的挥发分析出速度很快，燃烧需要补充大量的空气，如不及时将燃料与空气相混合，会造成空气量供给不足，难以保证生物质燃料的充分燃烧，从而影响锅炉效率。

层燃炉上部空间布置了二次风、燃尽风。二次风是自由空间气相燃烧优化中重要的因素，通过对冲和搅拌作用，以实现挥发分和携带固体颗粒的充分燃尽。对于挥发分含量高的生物质燃料，二次风布置尤其重要。二次风所占比例、二次风速、流向及布置位置，对于降低不完全燃烧热损失，并稳定炉排上的燃烧层影响很大。对于炉排燃烧，大部分生物质燃料的总体过量空气系数为 30％，一、二次风的比例一般为 4：6 或 5：5（某电厂一、二次风率为 8：2，严重偏离了生物质床层燃烧规律，锅炉效率低下）。二次风一般采用下倾角度，双相对冲布置，以利于形成射流的强烈扰动，加强迎火面的燃烧。

由于国内生物质燃料水分高、含灰量大，实际运行中一、二次风率比例可能是 5：5 或 6：4，称为国情风率，有别于国际燃烧中心实验室出具的风率值。

2. 振动炉排工作原理及燃烧过程

可以将整个振动炉排看成为一个弹性振动系统。当电动机带动偏心块旋转时，便产生一个垂直于弹簧板周期性变化的惯性分力，这个力驱动着上框架及其上的炉排片，以与水平面呈 20°～30°角的方向往复振动。当弹簧板从最低位置向右上方运动到最高位置时，存在着先加速后减速两个过程。加速过程中，炉排上燃料压紧炉排片并不断地被加速，直至达到最大速度，这时由于向上的惯性分力消失，而在弹簧板反弹力作用下，炉排突然进入减速阶段，当减速运动的负加速度的垂直向下分量等于或大于重力加速度时，炉排上的燃料就会漂浮起来或脱离炉排面，并按原来的运动方向抛出。就在燃料跳跃过程中，弹簧板已从最高位置回到最低位置，当燃料落到炉排面新的位置时，炉排又开始一个新的周期性的向上加速运动。

当炉排做微弱振动时，炉排减速运动过程的负加速度的垂直向下分量将小于重力加速度，这时燃料层不可能被抛起，炉排振动就起不到对燃料层的拨火作用。然而，若炉排振动过分强烈，燃料层被明显抛起并在炉排上跳跃，将造成细颗粒大量飞扬，同时还会加剧炉墙与锅炉构架的振动。

燃料从炉排前面推入（黄秆）或用播料风吹入（灰秆），受到炉排下面的一次风扰动，在炉排上部辐射热的作用下经过干燥、着火、燃烧和燃尽四个阶段。烧后的炉渣因炉排振动而自动从尾部排入捞渣机。

振动炉排上的燃料层不是匀速前进的，在炉排振动停止时间内，燃料层处于静止状态燃烧，为了适应负荷而调整燃烧时，就要调整炉排的振动频率、振动时间和间隔时间。调整时，根据锅炉负荷、料层厚度、燃烧工况等因素，做出不同的振动模式。

振动炉排由于炉排振动，而具有自动拨火功能，燃料颗粒在振动时上、下翻滚，增加了炉内空气的接触，燃烧强烈；同时还阻止了较大结渣颗粒的形成。

炉排在高频振动时，将细颗粒筛了下来，漏料量较高。同时，炉排振动时，燃料层被周期性地抛起，此时炉排上通风阻力最小，风速最大，燃料中细颗粒就被高速气流吹起，形成大量飞灰，飞灰含碳量高；并引起较高的 CO 排放，造成锅炉热效率降低。

炉排振动时炉排片基本位置不变，燃烧旺盛区域的炉排片始终在高温下工作。由于炉排振动，炉排上燃料上、下翻滚，燃料接触其分子间隔增大，通风阻力明显下降，造成送风量增加，炉膛内形成正压环境（应防止炉排振动时瞬间灭火再爆燃现象。国能赣县和巨野电厂由于燃料水分大，经常发生炉排振动时的灭火爆燃现象）。

目前，生物质电厂大多使用水冷振动炉排。炉排分四部分，中间两部分同时振动，两侧部分振动方向与中间部分成 $180°$ 以保持平衡。从而确保充分燃尽和控制燃料燃烧时间，以防止在炉排结渣。

锅炉炉排使用时，最易出现的问题如下：

（1）炉排间隙小，受热膨胀受阻，生物质各电厂，均割去了一部分炉排片。某生物质电厂炉排改造前、后示意图如图 1-1 所示。

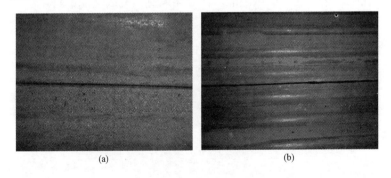

(a)   (b)

图 1-1　某生物质电厂炉排改造前、后示意图
(a) 改造前；(b) 改造后

（2）炉排转动装置螺栓易松动（某生物质电厂就是因为炉排转动螺栓松动，炉排不能振动）。

（3）一次风室炉排密封容易撕裂。某电厂炉排风室密封破裂示意图（漏风后大量空气跑掉）如图 1-2 所示。

(a) (b)

图 1-2　某电厂炉排风室密封破裂示意图
(a) 照片一；(b) 照片二

　　(4) 炉排孔眼容易堵塞，尤其是烧建筑模板时的钢钉插进炉排孔眼。堵塞后一次风不能均衡分配风量，造成燃烧偏斜。

　　疏通炉排孔眼，已经成为各生物质电厂停炉后的一项重要检修任务。

2 生物质锅炉燃烧设备

一、锅炉的基本概况（以龙基公司 130t/h 生物质灰秆锅炉为例）

锅炉是采用丹麦先进的生物质燃烧技术的 130t/h 振动炉排高温、高压蒸汽锅炉。锅炉为自然循环、单汽包、单炉膛、平衡通风、室内布置、固态排渣、全钢构架、底部支撑结构型锅炉。

该锅炉设计燃料为枝丫、树皮、木屑、木片等灰色秸秆，辅助燃料为小麦秸秆、玉米秸秆、棉花秸秆等。采用前墙抛料形式给料，配有点火油系统。这种生物质燃料含有包括氯化物在内的多种碱性物质，燃烧产生的烟气具有很强的腐蚀性。另外，它们燃烧产生的灰分熔点较低，容易黏结在受热面管子外表面，形成渣层，会降低受热面的传热系数。因此，在高温受热面的管系采用特殊的材料与结构，以及有效的除灰措施，防止腐蚀和大量渣层的产生。

锅炉采用水冷振动炉排加炉前气力给料的燃烧方式。锅炉汽水系统采用自然循环，炉膛外集中下降管结构。该锅炉采用 M形布置，炉膛和过热器通道采用全封闭的膜式壁结构，保证锅炉的严密性能。过热蒸汽采用四级加热、三级喷水减温的方式，使过热蒸汽温度有很大的调节裕量。尾部竖井布置两级省煤器、一级高压烟气冷却器和三级低压烟气冷却器。空气预热器布置在烟道以外，采用水作为媒介的加热方式，有效地避免了尾部烟道的低温腐蚀。经过烟气冷却器的烟气和飞灰，由引风机吸入布袋除尘器净化，最后经烟囱排入大气。

给料系统由中转料仓、螺旋收集机、落料斗、螺旋给料机、落料管、插板门及膨胀节组成。炉前两个中转料仓用来接收和储存燃料系统传输来的燃料，燃料由中转料仓底部的螺旋收集机经落料斗输送到螺旋给料机，每个螺旋收集机对应3个螺旋给料机，燃料最终经过6个螺旋给料机由播料风吹入炉膛。播料风取自高压空气预热器后的热风。燃料由于强风的作用进入炉膛时被抛至炉排中高端处，因高温烟气和一次风的作用而逐步预热、干燥、着火、燃烧。随着振动机构的工作，燃料边燃烧边向炉排低端运动，直至燃尽，最后灰渣落入炉前的出渣口。在排渣口下方设有捞渣机，能使灰渣安全有效地排出炉外。在二、三烟气通道下方设有一个落灰口，从过热器落下的灰渣坠落后进入下方的捞渣机，排出炉外。

振动炉排由振动机构、风室、支撑件和炉排水冷壁组成，炉排水冷壁由全膜式壁组成，其上开有很多 $\phi4.5$ 的小孔，作为一次风的通风口，炉排下部是风室。一次风进入炉底风室后再由水冷壁上的小孔进入炉膛，为燃烧提供所需的氧。在锅炉前、后墙各布置有许多二次风口，这些二次风约占总风量的一半。二次风在锅炉的燃烧中起着十分重要的作用，二次风搅拌炉内气体使之混合，使炉内烟气产生漩涡，延长悬浮的飞灰及飞灰可燃物在炉内的行程，它的合理使用可以使飞灰量减少，使飞灰可燃物降低。另外，对悬浮可燃物供给部分空气，有利于提高锅炉热效率、降低锅炉初始排烟浓度及锅炉的节能和环保。一、二次风量各约占总空气量的 50%，调节一、二次风量、给料量，可以使锅炉负荷在 40%～100% 之间调节。

锅炉采用轻柴油点火启动，在炉膛右侧墙装有启动燃烧器。

二、锅炉设备

（一）汽包

汽包内部装置由孔板分离装置、钢丝网分离器、连续排污管组成。由孔板分离装置出来的蒸汽经过钢丝网分离器分离后，由蒸汽引出管进入过热器系统。在集中下降管进口处布置了十字挡板，改善下降管带汽及抽汽现象。为防止低温的给水与温度较高的汽包壁直接接触，在管子与汽包壁的连接处装有套管接头。给水进入汽包后，进入给水分配管，分配管开孔使给水沿汽包纵向均匀分布。

汽包正常水位在汽包中心线处。为提高蒸汽品质，降低炉水的含盐浓度，汽包装有连续排污管。连续排污率为 1%。

(二) 水冷壁和下降管

水冷系统受热面由炉排水冷壁、侧水冷壁、前水冷壁、后一水冷壁、后二水冷壁、后三水冷壁、后三中间水冷壁及炉顶水冷壁组成。炉排水冷壁由 $\phi38\times6mm$ 的管子和 $6mm\times22mm$ 的扁钢焊制而成，扁钢上钻有不同间距 $\phi4.5mm$ 的小孔，为一次风的通风口。侧水冷壁由 $\phi57\times7mm$ 的管子和 $6mm\times23mm$ 的扁钢焊制而成。前水冷壁、后一水冷壁、后二水冷壁、炉顶水冷壁由 $\phi57\times5mm$ 的管子和 $6mm\times23mm$ 扁钢焊制而成。后三水冷壁及后三中间水冷壁由 $\phi38\times4mm$ 和 $6mm\times42mm$ 扁钢焊制而成。整个水冷壁受热面形成三个烟气通道，分别为炉膛、烟气通道二和烟气通道三。

汽水引出管由 $\phi168\times10mm$ 钢管组成，2 根 $\phi508\times30mm$ 大直径下降管由汽包引出后布置在炉侧，再引入两侧下集箱。在两侧集中下降管上分别装有加酸、加碱、取样装置。集中下降管由底部装置支撑在基础上，在其上方与侧墙下集箱连接，起加固作用。

水冷壁两侧下集箱，通过其下方的支座支撑在底部支撑装置上。两集箱之间有连接管，作为前、后水冷壁的下集箱和连通集箱。

炉水通过下降管进入底部分配集箱，然后通过连接管分配到水冷壁的底部集箱。一些连接管装有节流孔板用来调节流速。同样，在侧墙的底部集箱内装有分流板，用以调节流速。用这些特殊的管径构造来保证炉排水冷壁的供水。

（三）过热器

一、二级过热器系通过挂钩悬挂在水冷壁上，后三水冷壁穿墙管处密封板在膜式壁内侧。三、四级过热器为屏式悬挂结构，各包括 18 组辐射屏，分别在炉膛和第二烟气通道内。它们的质量全部传到炉顶水冷壁上。

（四）高压烟气冷却器和高压空气预热器

高压烟气冷却器卧式布置在锅炉第四回程内，位于省煤器的下方；高压空气预热器系统是一个独立布置的系统。从汽轮机来的高压给水在输往省煤器之前，设置一条流经高压空气预热器和高压烟气冷却器的旁路。这个旁路的流量由设置在主管路上的电动调节阀控制。在旁路内，给水首先通过高压空气预热器向送风机输出的冷空气进行热交换，给水被冷却、冷空气被加热。然后，这部分给水继续被送往高压烟气冷却器，由流经高压烟气冷却器的烟气与给水进行热交换，给水被加热、烟气被冷却。

（五）低压烟气冷却器和低压空气预热器

该系统为除氧器的循环回路，低压循环水泵来的给水先经过低压空气预热器，初步和送风机输出的冷空气进行热交换；再经过低压烟气冷却器，和流经低压烟气冷却器的烟气进行热交换，给水被加热、烟气被冷却，然后返回除氧器。

（六）省煤器

省煤器受热面布置在锅炉第四回程的顶部。沿给水流向，布置在锅炉汽包之前和高压烟气冷却器之后。沿烟气流向，布置在第一级过热器之后。给水与烟气呈逆流布置。允许省煤器中的给水部分汽化。

（七）炉排

炉排分四部分，中间两部分同时振动。两侧部分振动方向与中间部分成 180° 以保持平衡。炉排与水平倾角为 5°，振动方向与水平倾角为 20°。

炉排的冷却部件由 4 片带空气密封和支撑部件的膜式水冷壁组成。膜式水冷壁通过柔性管与静态的入口集箱和后墙水冷壁相连。柔性管的设计可以吸收炉排振动产生的压应力和拉应力。炉排低端管排装有防磨套管。

振动装置设计为一根公用驱动轴、一台驱动电动机和四个单独的驱动杆，每片炉排对应一个。振动驱动装置靠钢筋混凝土平台支撑。振动装置通过冷却风机启动以保护电动机，这样可以延长电动机的使用寿命。飞轮与皮带驱动传输装置整合在一起以降低旋转中产生的振动。

（八）捞渣机

两台捞渣机都是湿式刮板捞渣机。在水槽的底部输送灰渣。灰渣斗底端浸入水中。捞渣机的结构允许灰渣斗底端内的水面比捞渣机内的水面高 100mm 或低 50mm，以保证水不会流进或流出系统。

捞渣机和灰渣间的分配输送机相连接。灰渣间设有一个没有底部的灰渣分配输送机。

每个捞渣机装有补水阀，都设置带关断阀的排净管和溢流管。所有的管道都引到灰渣水池。

（九）除尘系统

除尘系统包括旋风除尘器、脉冲布袋除尘器、除尘器进出风管路系统。含尘烟气经旋风除尘器，再进入脉冲布袋除尘器进行净化，然后经引风机，由烟囱向大气排放。

（1）高温含尘烟气从空气预热器出口经烟道分别切向进入旋风除尘器，旋风除尘器处理烟气量为 270 000m³/h；旋风除尘器的作用是除去部分粉尘，减少对滤袋的磨损；避免火星进入布袋除尘器而烧毁滤袋。

（2）烟气通过旋风除尘器后，将烟气中的大颗粒除去，由除尘器入口烟箱分别进入八个除尘室。

（3）旁通烟道将袋式除尘器的进口烟箱和除尘器总出口连接起来。采用气动提升挡板，平时关闭，遇紧急情况或在线检修时开启。

（4）在进口烟箱上设有温度检测装置，通过控制系统可实现对运行参数的检测，并在紧急情况下报警或开启旁通烟道。

（5）在袋式除尘器进、出口分别安设压力测试装置，以监视除尘器运行的阻力；在花板上、下分别开测孔，连接差压变送器，监测滤袋阻力，并作为定阻清灰的依据，当压力超过设定值时，按照预先设定的程序进行清灰。

（6）在袋式除尘器进、出口烟道上分别设有热电偶，用于监测烟气温度，当温度超限（超高或超低）时报警并采取相应措施。

（十）上料系统

上料系统包括输料系统和给料系统。燃料经桥式抓斗起重机或装载机输送到散料螺旋给料机，通过散料螺旋给料机调整燃料量后，经两条带式输送机输送至炉前料仓；经过料仓底部螺旋收集机分配到落料斗，进入螺旋给料机，通过播料风抛入炉膛。

输料系统由散料螺旋给料机、带式输送机和磁铁分离器组成。

（1）给料系统。主要由中转料仓、螺旋收集机、落料斗、螺旋给料机、落料管和播料器等装置组成。

（2）中转料仓。给料系统共有两台中转料仓，主要是用来存储燃料的。料仓呈圆柱形，中间有平台围栏相连。在顶部平台和筒体底部各有一开孔，顶部开孔为进料口，用来接收上一工序传输来的燃料；底部开孔为螺旋收集机安装位置，可以通过螺旋收集机的作用将料仓中储存的燃料传输到螺旋输送机中。料仓配有CO分析仪、防爆管、料位计以及高低料位报警系统，CO分析仪是用来分析料仓空气中CO的含量，以预防因CO含量过高而可能引起的自燃问题；防爆管位于料仓筒体上部外侧，在料仓中压力过大时会自动打开，防止因料仓内部压力过大而造成设备的损坏；料位计用来测量料仓中燃料的数量，当料仓中料位过高或过低时，报警系统会起作用，引起相应设备的连锁控制。

（3）螺旋收集机。每个料仓配有一台螺旋收集机。螺旋收集机位于料仓底部中心孔位置，呈圆锥状，主要用来收集分散在料仓中的燃料，并将其输送到螺旋输送机的入口。螺旋收集机自身轴向旋转的同时，还围绕料仓中心作匀速的圆周运动，在两种运动的共同作用下，散布在仓底的燃料不断地向中心集中并被输送到螺旋输送机入口处。螺旋转动速度的大小是由料仓中料位的高低所决定的。

（4）落料斗。每个料仓配有一台落料斗，落料斗上方有一个进料口，与螺旋收集机下料口连接，下方有三个出料口，分别连接三个螺旋给料机。进料口与出料口之间有一个导料拨板，拨板由减速机带动做连续摆动运动，将落下来的物料均匀地分配给三个螺旋给料机。

（5）螺旋给料机。螺旋给料机的作用是将燃料输送到落料管中，螺旋给料机的进料口处是一个储料仓，它可以储存一定数量的燃料，螺旋给料机运行时，燃料持续不断地通过落料管输送到燃烧炉中，从而保证燃烧的持续性和稳定性。储料仓上配有料位计和低料位报警装置。在壳体进料口下方是一配有手动插板门的紧急卸料口，该插板门在螺旋给料机正常运行时处于常闭状态。螺旋给料机的卸料口与落料管相接，两者之间配有膨胀节和气动插板门。同其他螺旋一样，螺旋给料机也配有堵塞报警和速度检测装置。

（6）落料管。燃料进入落料管后，在自身重力的作用下，沿管路进入燃烧炉，在落料管下方有一气动翻板阀，在汽缸的作用下，能够不断地打开、闭合，在保证燃烧正常进行的同时，在落料管上端的气动插板门共同作用下，还可以防止燃烧炉中的飞灰和火星逆回到落料管中而引起燃烧。在落料管的中段还设置了一个消防水进口。

（7）播料器。播料器布置在炉前，将燃料从给料设备投入至炉膛的振动炉排。每台播料器的空气入口侧装置了一个带旋转阀片的阀门（脉冲阀），且该阀门带旁路管，旁路管设置有蝶阀，用来调整脉冲。

3 生物质锅炉调试

3.1 概　述

2012 年 4 月 20 日锅炉设备开始分部试运。经过分系统调试、点火吹管、校核安全门及严密性试验、汽轮机冲转、机组并网、带负荷、满负荷等阶段，于 2012 年 7 月 26 日完成 72h 试运，于 2012 年 7 月 27 日完成 24h 试运，（72＋24）h 试运满载稳定运行且通过验收。

锅炉工作主要进度如下：

2012 年 6 月 18 日～20 日，引、送风机试转。

2012 年 6 月 22 日～11 月 24 日，上料、给料系统试运。

2012 年 6 月 22 日，锅炉捞渣机系统试运。

2012 年 6 月 22 日，锅炉振动炉排系统试运。

2012 年 6 月 21 日，锅炉燃油系统试运。

2012 年 6 月 23 日，锅炉点火，开始吹管；2012 年 6 月 26 日，锅炉吹管结束。

2012 年 7 月 3 日，锅炉风量标定、空气动力场试验、漏风试验。

2012 年 7 月 12 日，锅炉输灰、除尘系统调试完毕。

2012 年 7 月 6 日，锅炉点火校核安全门及严密性试验。

2012 年 7 月 6 日，汽轮机冲转，定速为 3000r/min。

2012 年 7 月 11 日，机组首次并网。

2012 年 7 月 24 日，72h 满负荷试运开始。

2012 年 7 月 26 日，72h 满负荷试运结束。

2012 年 7 月 27 日，24h 满负荷试运结束。

3.2 设备的技术规范

锅炉采用 0 号轻柴油点火启动，在炉膛左侧墙装有启动燃烧器。

锅炉室内布置、构架全部为金属结构，按 6 度地震烈度设计。

1. 锅炉参数

(1) 额定蒸发量：130t/h。

(2) 额定蒸汽压力：9.2MPa。

(3) 额定蒸汽温度：540℃。

(4) 额定给水温度：220℃。

2. 技术经济指标

(1) 冷风温度：40℃。

(2) 一次风预热温度：193℃。

(3) 二次风预热温度：190℃。

(4) 一、二次风之比：3：7。

(5) 排烟温度：130℃。

(6) 锅炉热效率：87.54%。

(7) 燃料消耗量：35 265.79kg/h。

(8) 排污率：2%。

3. 设计数据

(1) 锅炉外形尺寸：

1) 宽度（锅炉钢架中心线）：27 150mm。

2) 深度（锅炉钢架中心线）：38 500mm。

3) 锅筒中心线标高：25 000mm。

4) 锅炉本体最高点标高：28 000mm。

(2) 水质要求：锅炉的给水、炉水、蒸汽品质均应符合 GB

12145—2008《火力发电机组及蒸汽动力设备水汽质量》要求，且符合用户的特殊要求。

（3）负荷调节：

1）允许的负荷调节范围：40%～100%。

2）调节方法：风燃料比调节。

（4）其他技术指标：

1）灰与渣的比率：20：80。

2）NO$_x$ 排放量：＜450mg/m^3（标准状态下）。

3）CO 排放量：＜650mg/m^3。

4）噪声水平：＜85dB（A）。

5）一二次风比：4：6。

主蒸汽采用单元制系统，高压给水采用两台容量为100%的电动给水泵启动及备用。

4．锅炉水容积

见表 3-1。

表 3-1			锅 炉 水 容 积				m^3
名称	汽包	水冷壁下水管连接管	过热器及连接管	省煤器及烟气冷却器	空气预热器	管路部分	总计
水压时	24.8	45.2	32.2	15.3	6	3	143
正常运行时	12.4	45.2	0	15.3	6	3	87

3.3 调试准备及分系统试运

遵照调试规程，调试人员对各系统进行调整试验，对锅炉机组分部试运。

一、分部试运的主要工作内容

（1）针对以前锅炉运行出现的问题进行分析，对锅炉系统设计提出完善和修改意见。

（2）对锅炉的热工连锁保护进行审核和修改，使其满足运行工况的要求。

（3）参与并牵头对所有系统设备的分部试运转及烟风管道、汽水检查，并对暴露的问题、缺陷提出消缺措施、方案。

（4）对分系统试运的质量进行监测，对试运参数、资料进行汇总，严格按照启动验收标准进行自检。

（5）针对分部试运涉及面广、条件差、设备多的具体特点，科学合理地制订周计划、月计划，使试运行工作有条不紊，以较快的速度进行，并同时保证其高质量，以便为整套启动打下坚实的基础。

二、主要分部试运项目

主要分部试运项目包括烟风系统调试、风量标定调试、锅炉动力场试验、燃油系统调试、锅炉蒸汽吹管、给料系统调试、除渣系统调试、锅炉漏风试验、安全门校验、锅炉严密性试验、锅炉吹灰系统调试、布袋除尘器及输灰系统的调试及机组整套启动试运。

锅炉各个分系统均通过了质量验评。

3.4 烟风系统调试

一、设备技术规格及参数

引风机技术规格及参数见表 3-2。

表 3-2　　　　　　　引风机技术规格及参数

项　　目	数　　值	单　　位
风机		
型号	SFY250-C6D 型单吸离心式	
转数	960	r/min
全压	7542	Pa
流量	81.8	m³/s
生产厂家	沈阳通用设备配套有限公司	

续表

项 目	数 值	单 位
引风机液力耦合器		
型号	YOTCS875	
功率范围	390～995	kW
转速	1000	r/min
生产厂家	广东中兴液力机械有限公司	
额定输入电压	10 000	V
电动机功率	800	kW
电动机转速	1000	r/min

送风机技术规格及参数见表3-3。

表3-3　　　　　　　　送风机技术规格及参数

项 目	数 值	单 位
风机		
型号	SFG180-C5A 型单吸离心式	
台数	1	台
风压	10 900	Pa
流量	48.6	m^3/s
转速	1450	r/min
风机效率	83	%
叶轮直径	1900	mm
生产厂家	沈阳通用设备配套有限公司	
送风机液力耦合器		
型号	YOTGCD650	
功率范围	290～750	kW
转速	1500	r/min

项　目	数　值	单　位
生产厂家	广东中兴液力机械有限公司	
额定输入电压	10 000	V
电流	50.9	A
转速	1480	r/min
电动机功率	710	kW

二、调试内容及过程

烟风系统调试工作从 2012 年 6 月 18 日开始，2012 年 6 月 20 日结束，在有关单位的协助下，调试工作进展顺利，调试内容全部完成，并经过签证。

烟风系统调试过程中的问题及处理方法如下：

（1）引风机输出转速偏高，建议进行零位校对或联系厂家对匀管零位进行改进。

（2）送、引风机高负荷液力耦合器回油温度偏高 70℃，建议提高冷却水管径或者改用工业水源。

（3）送、引风机加装了放油管，进行了滤油。

（4）引风机在 800r/min 时产生了振动，厂家确定为是高转速时造成了保温铁皮振动。

（5）送风机冷油器漏油，厂家进行了处理。

（6）引风机在 460～470r/min 时产生了共振现象。

（7）引风机承力侧轴承漏油，进行了处理。

（8）引风机地基下雨时发生了下陷。

送、引风机经过调试，运行平稳，电动机瓦振动、温升都达到要求，符合设计要求。

引风机运转参数见表 3-4。

表 3-4 　　　　　　　　　　　引风机运转参数

设备名称	电动机					风机轴瓦				
转速 (r/min)	轴承温度 (℃)		轴瓦振动（μm）			轴承温度 (℃)		轴瓦振动（μm）		
			⊥	—	⊙			⊥	—	⊙
980	前	后	垂直	平衡	轴向	前	后	垂直	平衡	轴向
电动机侧	18	17	35	40	50	19	20	50	30	55
风机侧	20	21	35	45	55			40	45	50
电动机侧	21	19	30	40	50	20	21	45	30	55
风机侧	22	20	40	45	55			40	40	50
电动机侧	22	20	35	40	50	23	20	50	30	55
风机侧	23	21	35	45	55			45	40	50
电动机侧	23	20	35	40	50	24	24	50	30	55
风机侧	24	22	35	45	55			45	40	50

送风机运转参数见表 3-5。

表 3-5 　　　　　　　　　　　送风机运转参数

设备名称	电动机					液力耦合器					风机轴瓦				
转速 (r/min)	轴承温度 (℃)		轴瓦振动 （μm）			轴承温度 (℃)		轴瓦振动 （μm）			轴承温度 (℃)		轴瓦振动 （μm）		
			⊥	—	⊙			⊥	—	⊙			⊥	—	⊙
1450	前	后	垂直	平衡	轴向	前	后	垂直	平衡	轴向	前	后	垂直	平衡	轴向
电动机侧	11	11	60	60	50	26	25	40	30	45	17	17	40	30	45
风机侧	15	14	55	50	65	27	28	40	45	50			40	45	40
电动机侧	24	16	60	65	50	27	28	40	30	55	19	17	40	30	45
风机侧	14	16	55	60	65	26	27	40	45	50			40	45	40
电动机侧	31	15	60	60	50	29	30	50	30	55	16	17	40	30	45
风机侧			55	50	50			40	45	50			40	45	50
电动机侧	35	19	60	60	50	32		40	30	55	19	20	50	30	45
风机侧			55	65	65			40	45	50			40	45	50

三、烟风系统调试结论

在有关单位的大力协助配合下，烟风系统调试工作进展顺利，调试内容全部完成，并经过签证验收，系统运行的各项参数均符合设计要求，系统质量验评为合格，达到机组整套启动的要求。

3.5　风量标定调试

一、试验目的

（1）检验送风机及引风机连锁保护是否满足系统的安全稳定运行。

（2）掌握送风机及引风机运行特点，为运行操作调整提供依据。

（3）标定 DCS 各风量表。

二、试验内容

（1）标定送风各测速元件，给定修正系数。

（2）试验送风机的调节特性。

三、试验方法

（1）联系电气人员给设备送电。

（2）检查设备正常，各风机油位正常，手动盘动风机转子，无卡涩、摩擦，转动灵活。

（3）投入连锁装置。

（4）启动引风机，电流恢复正常后，启动送风机。

（5）开启各风机的风门挡板。

（6）维持炉膛压力为 $-50 \sim -100 \text{Pa}$，调节送风至 80% 出力（以电流为参照），现场测量各风量及风压。

（7）测出风道各测点不同深度的动静压差，测量风道边长，计算风道截面积，算出风道截面风速。

（8）DCS 操作系统上同时记录各阶段风量、风压，用标定的不同开度下风机各测点的风量平均值与 DCS 上风量进行比较。

（9）调整送风机挡板至风机满负荷运行，测量风机出口风压，测定风机风量，标定风机出力，确定风机是否满足锅炉运行要求。

（10）测试完毕后，逐步降低送、引风机转速至最小，依次停止送、引风机的运行。

四、试验结果

从整体上看，送、引风机基本达到设计要求。流量符合设计要求，与风机厂家给定的性能曲线相比较没有太大的偏差。风机在测试的运行过程中没有出现喘振现象，说明风机性能良好。

送、引风能够满足锅炉的出力要求，风门的开度与风量的线性关系比较好，在测试过程中，风门开关线性较平稳，在0%、25%、50%、75%、100%开度时，风门没有出现风量急剧增大和流量跳跃的现象。风门的开度与流量的线性关系较好。能够满足锅炉的运行，给今后的锅炉运行提供了很好的调整手段。

炉排风、点火风、前二次风、后二次风、燃尽风挡板开度与风速关系见图3-1~图3-5。

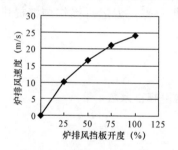

图 3-1　炉排风挡板开度与风速关系

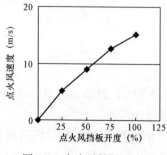

图 3-2　点火风挡板开度与风速关系

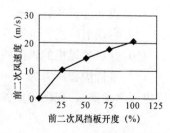

图 3-3　前二次风挡板开度与风速关系

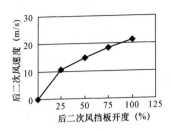

图 3-4　后二次风挡板开度
与风速关系

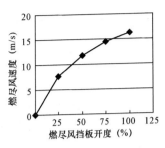

图 3-5　燃尽风挡板开度
与风速关系

各风量测试结果见表 3-6。

表 3-6　　　　　　　　**各风量测试结果**

名　称	动压开方均值	速度（m/s）	流量（m³/h）	挡板开度（%）
预热器后总风	8.0	10.8	121 789	10
	11.7	15.6	176 956	20
	13.7	18.3	207 002	30
	17.6	23.5	266 209	40
炉排一次风	7.6	10.0	41 423	25
	18.3	16.5	99 599	50
	21.0	21.1	114 595	75
	21.7	23.8	118 131	100
点火风	6.7	5.5	25 341	25
	8.6	8.8	32 600	50
	8.8	12.5	33 317	75
	8.8	15.8	33 418	100
燃尽风	5.8	7.7	31 338	25
	9.0	11.8	49 289	50
	9.8	14.3	53 511	75
	9.8	16.2	53 545	100

名　称	动压开方均值	速度（m/s）	流量（m³/h）	挡板开度（%）
前二次风	5.7	10.2	31 338	25
	8.7	14.5	47 496	50
	9.4	17.7	50 980	75
	9.7	20.5	52 675	100
后二次风	5.5	10.5	20 799	25
	8.6	14.9	32 600	50
	9.0	18.3	34 066	75
	9.1	21.2	34 395	100

3.6　锅炉动力场试验

一、概述

锅炉动力场试验是测定燃烧设备及炉膛内的空气流动方向和速度的分布状况。测试出炉排下一次风分段的配风率，二次风对炉膛内气流的扰动和混合的情况。

二、试验方法

（1）检查炉排上无杂物，在炉排上均匀撒厚度约为 10mm 的白灰粉。

（2）联系运行，给锅炉引、送风机送电。

（3）捞渣机注水至合适水位。

（4）全开一、二次风风门。

（5）开启引、送风机，逐渐调整送风机风量，调整炉膛压力为 -50~-100Pa，观察炉膛内白灰粉扬起情况，有无偏斜、涡流、局部冲刷等现象，白灰粉在炉内应均匀扬起。

（6）记录各风室压力、二次风压力、各风道风量。

（7）炉膛出口压力为 -50~-100Pa。锅炉炉排一、二次风风门全开。

三、动力场试验结果

（1）动力场试验情况较为正常，基本达到要求。一、二次风没有出现严重的偏斜、涡流、局部冲刷，炉内扬起比较均匀，炉排风量分配比较均匀。

（2）观察炉内四周水冷壁白灰粉附着情况。白灰粉在四周水冷壁上附着均匀。

（3）观察炉排上白灰粉存留情况。白灰粉在炉排上基本均匀，个别部位有堆积。

四、原因分析

（1）炉排孔眼有堵塞现象。

（2）振动炉排局部间隙过大，造成局部通风量过大。

（3）试验用的滑石粉受潮、板结。

五、建议

（1）停炉后检查振动炉排，清理干净一次风小孔，保证风孔畅通。

（2）检查炉排下部风道，清理通风异物。

（3）停炉后检查风室密封。炉排空气动力场示意如图3-6所示。

(a)

(b)

图 3-6 炉排空气动力场示意图

（a）照片一；（b）照片二

3.7　锅炉漏风试验

一、漏风试验的目的

检查各段的漏风点及消除漏风，保证机组经济运行。

二、试验项目

(1) 检查送风道的冷、热风道焊缝漏点。

(2) 检查送风系统的法兰、挡板、风门的漏点。

(3) 检查送风道的焊缝漏点。

(4) 检查引风系统的法兰、挡板、风门的漏点。

(5) 检查炉膛、膜式水冷壁、过热器、省煤器、空气预热器等燃烧系统密封墙体的漏点。

(6) 检查所有人孔门的漏点。

(7) 检查捞渣机水密封的工作情况。

三、试验方法

用正压法测试风机至炉膛部分，试验方法如下：

(1) 检查风机各部正常，关闭所有入口风门，开启冷却水，各动力设备送电，给捞渣机补水至灰渣斗落渣口。

(2) 启动引、送风机，保持炉膛压力为+450Pa，观察风压，调整转速，调整风机出口风压在4~5kPa范围内。

(3) 在送风机入口，向内抛撒白灰，检查所有焊口焊缝、法兰接口、风门挡板、人孔门等处，是否有白灰冒出，在漏灰处做好记录。

(4) 逐渐提高风机转速，提高风机风压，观察风机电流。

四、试验结论

在炉膛压力保持在+450Pa之后，对锅炉护板焊口、烟风道焊口、人孔门、手孔、观察孔、热工一次件焊口、锅炉密封焊口、烟风连接法兰、风门等，进行了全面检查，没有发现有漏风不严的地方，漏风试验合格。

3.8　给料系统调试

一、设备及系统简介

该工程给料系统主要由炉前给料系统和上料系统组成。炉前给料系统主要由炉前料仓、给料机、取料机、防火挡板门、水冷套、压紧装置及膨胀节等部件组成；上料系统主要由螺旋给料机、小解包机、1号带式输送机、电子皮带秤、犁式卸料器、储料棚链式输送机、分配链式输送机、称重式链式输送机、分配小车、喂料输送机、解包机、2号带式输送机组成。

由于黄色秸秆的特殊性，送到给料系统的黄色秸秆应该是打包的，每包秸秆的规格为 1.5m×1.3m×1.2m 和 2.0m×1.2m×0.9m 两种，每包质量为 300~500kg。

储料仓链式输送机位于储料仓内，输送链由一台电动机驱动，并包含一套张紧装置。输送链上的料包由分布在输送链内的料包驱动齿拨动料包往前输送。

分配系统共有两台分配小车，每台小车负责将每个单独的料包传输给下级的两条炉前给料装置上，如果一台分配小车发生故障，另一台分配小车能满足锅炉额定负荷下的全部给料量需求。

给料装置设置在锅炉炉前缓冲料仓，分别对应4个位于锅炉前墙的给料口。

炉前给料装置由链式输送机输送至分配小车，经解包机传送带送至缓冲料仓，到达与锅炉给料口等标高的水平给料机，给料机内螺旋给料装置推动秸秆，经过水冷套，进入锅炉。

在全部给料系统内设有多处密封门、消防安全挡板和消防水喷淋设施。

1. 上料系统运行方式

运行方式一：黄色秸秆（大包）→自动抓斗起重机→链条输送机→链条分配机→大解包机→2号带式输送机 A/B 带→炉前料仓。

运行方式二：黄色秸秆（散料）→双皮棍上料机→1 号带式输送机→2 号带式输送机 A 带→炉前料仓。

运行方式三：黄色秸秆（散料）→小解包机→1 号带式输送机→2 号带式输送机 B 带→炉前料仓。

2. 炉前料仓运行方式

炉前料仓→螺旋取料机→1 号防火挡板门→给料机→2 号防火挡板门→水冷套→炉膛。

设备参数见表 3-7。

表 3-7 　　　　　　　　设 备 参 数

序号	设备名称	设备参数	单位	数量
1	1 号带式输送机	b（皮带宽度）$=1400\text{mm}$，v（皮带速度）$=2\text{m/s}$，Q（输送能力）$=25\text{t/h}$，L（皮带长度）$=122.315\text{m}$，功率为 37kW	台	1
2	2 号输送机	$b=2000\text{mm}$，$v=1.6\text{m/s}$，$Q=25\text{t/h}$，$L=13.00\text{m}$，功率为 7.5kW	台	2
3	储料棚链式输送机	型号：JC.SLS-Z002。$v=10.6\text{m/min}$，$L=11\text{m}$	台	3
4	分配链式输送机	型号：JC.SLS-Z03。$v=10.6\text{m/min}$，$L=11\text{m}$	台	4
5	称重链式输送机	型号：JC.SLS-Z04。$v=10.6\text{m/min}$，$L=3\text{m}$	台	2
6	分配小车	型号：JC.SLS-Z05。链条速度为 11.6m/min，行走速度为 25m/min，出力为 12.5～25t/h，输送长度为 3m	台	2
7	大解包机	型号：JB20A-Ⅱ-Z001。解包能力≥25t/h，链条速度为 3.22m/min	台	2
8	双螺旋给料机	$Q=12.5\text{t/h}$，电动机功率为 22kW	台	1

二、试验目的

对给料系统设备进行静态试验和动态调整试运，检查其设备连锁、保护是否合理、好用，操作可靠，通过调整试运使其达到设计要求，满足锅炉带满负荷运行的要求。

三、试验内容

（1）各设备依次空转。

（2）检查保护及连锁是否动作可靠、正确。

（3）检查电动机及变速箱的振动及温升。

（4）检查各输料设备工作情况。

四、试验方法及步骤

1. 上料系统各设备转速控制方案

（1）上料系统。螺旋上料机→1号带式输送机→2号带式输送机→炉前料仓→螺旋取料机→给料机。

（2）上料方式。储料棚链式输送机→分配链式输送机→称重式链式输送机→分配小车→喂料输送机→大解包机→2号带式输送机→炉前料仓→螺旋取料机→给料机。

（3）散料启动程序。打开2号防火挡板门→启动给料机→开1号防火挡板→启动螺旋取料机→启动2号带式输送机→启动1号带式输送机→启动小解包机或螺旋上料机。

（4）大包料启动程序。打开2号防火挡板→启动给料机→开1号防火挡板→启动螺旋取料机→启动2号带式输送机→启动大解包机→启动喂料输送机→启动分配小车→启动称重式分配输送机→启动链式输送机→启动储料棚链式输送机。

（5）正常停用散料系统顺序。停小解包机或停螺旋取料机→1号带式输送机→2号带式输送机→取料机→1号防火挡板→给料机→2号防火挡板。

（6）正常停用大包料系统顺序。停储料棚链式输送机→分配式链式输送机→称重式链式分配机→分配小车－喂料输送机→大解包机→2号带式输送机→取料机→1号防火挡板→给料机→2号防火挡板。

2. 上料系统的调试

（1）检查设备安装完好，各系统接线准确，校验正确，控制系统准确、可靠。

（2）检查现场清理干净、无杂物，地面平整，防护栏杆齐全、牢固，无妨碍启动的障碍物。

（3）检查各转动设备的润滑点，已注入合格的润滑油（脂），油位计标示清晰，无漏油；安全防护装置齐全、牢固。

（4）检查用于承重设备的支架、托辊等，焊接牢固，无裂纹；紧固件螺栓无松动。

（5）皮带松紧度调整裕量适中；皮带对接处黏结牢固，边缘整齐。

（6）用于设备控制和保护的信号测点装置、监测仪表等，齐全好用。

（7）联系电气人员给各动力设备送电。

（8）依次启动上料线各转动设备。

（9）检查各设备转动方向正确，电流正常。

（10）检查各系统运转设备正常，各电动机及轴承振动、温升符合规定要求。

（11）检查皮带无跑偏，松紧适度，若皮带跑偏可调整皮带回头轮两侧调整螺栓，紧度应调整皮带张紧装置，调整其配重。

（12）检查带式输送机两侧松紧适度，链齿无卡涩。

（13）检查各螺旋取送机无摩擦，轴承转动正常。

（14）试验各保护及连锁动作要正确、可靠。

（15）试运行中检查带式输送机的各滚筒、托辊应转动灵活，无窜轴、脱落、卡涩、振动，轴承座及托辊支架、紧固螺栓无松动及脱落现象。

（16）在 DCS 上进行试验，远程控制可靠，连锁保护正常，DCS 上显示正确。

3. 炉前给料系统的调试

（1）将给料系统各设备打到试验位置。

（2）检查给料系统无妨碍设备转动的杂物。

（3）联系值长给各设备送电。

（4）联系值长依次开启给料机、螺旋取送机，检查设备运行正常。

（5）试验各气动闸板开关正常。

（6）接通各热工保护信号，试验各保护正常。

（7）试验给料系统间连锁。

（8）试验正常后，联系值长停止设备运行，设备停电。

五、系统调试结论

上料系统在分系统调试阶段出现的问题及处理措施如下：

（1）双螺旋给料机在试转过程中晃动严重，应对给料机壳体进行加固。

（2）2号上料皮带在空转过程中跑偏严重，现场调整后得到解决。

（3）上料皮带犁料器液压传动杆经过加长处理后正常使用。

（4）双皮棍上料机、小解包机接线错误不能远程控制，经过改线后正常。

（5）2号A皮带减速器振动经过了处理。

（6）1号分配输送机链条松动。

（7）1号大解包机振动。

（8）小车行走电缆由下部更改为上部，防止了小车碾压电缆。

给料系统在分系统空负荷调试过程中运行比较稳定，电动机电流、转速等符合规定，给料系统的逻辑合理，保护和连锁投入正常，满足运行需要。在有关单位的大力协助配合下，调试内容全部完成，并经过签证验收，系统运行的各项参数均符合设计要求，系统质量验评为合格，达到机组整套启动的要求，系统投入正常运行。

3.9 除渣系统调试

一、设备及系统简介

振动炉排的灰渣经过灰渣斗落入锅炉1号捞渣机的水中，灰渣被冷却、加湿后沉淀在捞渣机水槽的底部；锅炉第二和第三回程的灰渣落入锅炉 2 号捞渣机的水中，灰渣被冷却、加湿后沉淀在捞渣机水槽的底部。捞渣机的刮板将沉淀的灰渣输送到灰渣间。带水的灰渣落到灰渣间地面，形成渣堆，产生的废水返回捞渣机的水槽中，捞渣机的工作速度与锅炉负荷成比例。捞渣机规范见表 3-8。

表 3-8   **捞 渣 机 规 范**

序号	项　目	单位	参　　数
1号刮板捞渣机			
1	型号		OPXY. DNOLAI. 00
2	排渣量	t/h	8～14
3	电动机型号		WP132M－4
4	电动机功率	kW	7.5
5	刮板速度	m	0.5～1.8
6	槽体水深	mm	800
7	排水温度	℃	小于 60
8	耗水量	t/h	5～15
2号刮板捞渣机			
1	型号		OPXX. DNO168. 00
2	排渣量	t/h	1.2～2
3	电动机型号		WP132S－4
4	电动机功率	kW	5.5
5	刮板速度	m	0.5～1.8
6	槽体水深	mm	800
7	排水温度	℃	小于 60
8	耗水量	t/h	3～8

二、试验目的

通过对除渣系统的调试，使其正常运行，达到设计要求，能及时清除炉渣，为锅炉稳定运行提供保障。

三、调试方法及步骤

（1）捞渣机启停、连锁条件。

1）启动必须满足下列全部条件：①捞渣机具备远操条件；②捞渣机没有故障。

2）当振动炉排停运 2h 后，停运捞渣机。

3）必须满足下列全部条件，连锁启动捞渣机：①操作员启动振动炉排；②捞渣机具备远操条件；③捞渣机没有故障。

4）出现任一情形运行的捞渣机保护停：①捞渣机远操不具备条件；②捞渣机故障；③捞渣机断链。

（2）张紧系统的调试。松动张紧装置的螺杆支承架 4 个螺母，旋转升降部分带棘轮的螺母，使丝杠向上移动，张紧刮板链条，张紧程度以后下导轮转动为宜，然后将轴承座支承架的螺母紧固即可。调节时两侧的调节量应保持一致，且使刮板的长度方向垂直于机体侧壁。

（3）电气调试。

1）按钮操作实验。按开车按钮能开车，按停车按钮能停车。

2）检测信号实验。

报警装置是否灵敏、动作可靠。①链条偏斜报警；②过载时，减速器高速轴上的安全离合器工作是否动作，过电流保护是否动作。

（4）空载运行。整机安装就位后，必须清理好炉膛和捞渣机内的杂物，特别是木块、金属等，以免造成在运行中发生事故。空负荷连续运行 2h，整机运行平稳、无卡涩现象和异响。

（5）空载试车符合以上标准后，进行带负荷调试。打开捞渣机的供水系统，向捞渣机内补水，使各导轮的水道密封水通畅，保证水封，调节补充溢流水量，保持流量平衡。负载试运行分三个阶段进行：第一阶段连续运行 8h，检查刮板链条松紧程度；第二阶段连续运行 24h，检查刮板链条松紧状态、接头有无松动现象并及时处理；第三阶段连续运行 40h，检查链条松紧状态、各刮板接头连接状态、各报警装置灵敏度并进行可靠性模拟试验，整机运行状态应平稳无异常响声、无卡涩现象等，空负荷运行一切正常后，投入使用。

（6）设备调试按设备运行先后顺序反向分部逐项完成，首先采用空负荷运行，然后再带负荷运行，最后进行除渣系统所有设备的整体运行。

（7）捞渣机试运前应检查杂物是否清理干净，清通相关排渣沟，检查内衬铸石板是否完好无损，刮板链条跑偏是否调整好，确认无误后方可试运。捞渣机试运时应随时注意运行工况，一旦发现有硬杂物需停机将其捞出。

（8）启动捞渣机前首先打开捞渣机的供水系统，使各导轮的水道密封水通畅，防止外部空气进入炉腔，然后向槽内注入冷却水至设计水位，调节溢流水量，保持平衡。

（9）电气控制箱面板的各种指示灯应工作正常。

（10）一般情况下，捞渣机为连续运行制，在锅炉试运期间，除特殊情况外，不允许停止捞渣机运行。

（11）捞渣机链条刮板的运行速度，应根据灰渣量多少进行调节，定期检查调整刮板链条，达到松紧适度。

（12）运行期间时刻监视轴承温度，超过设计值时停止捞渣机运行。

四、调试结论

除渣系统调试出现的问题及处理措施如下：

（1）调试前对捞渣机内部进行检查清理，若内部杂物、铁件较多，联系施工单位进行了清理。

（2）两台捞渣机出口挡板太高，与链条摩擦严重，进行了割除。

（3）两台捞渣机发生卡涩时都调整了链条。

（4）2号捞渣机断了一块刮板。

（5）1号捞渣机变速箱振动，由厂家进行了更换。

在有关单位的大力协助配合下，除渣系统调试工作进展顺利，调试内容全部完成，并经过签证验收，系统运行的各项参数均符合设计要求，系统质量验评为合格，达到机组整套启动的要求。调速部分、机械部分运行正常，可以满足锅炉正常运行的需要。

3.10 锅炉蒸汽吹管

一、试验目的

通过对锅炉过热器系统及蒸汽管道系统进行蒸汽吹扫，清除设备在制造、运输、保管、安装过程中遗留在管道内的各种杂物和锈垢，防止机组运行中过热系统爆管和汽轮机通流部分损伤，提高机组的安全性和经济性，并改善运行期间的蒸汽品质。

二、吹管范围及流程

1. 吹管范围

饱和蒸汽引出管、饱和蒸汽汇集集箱、一级过热器入口集箱、一级过热器、一级过热器出口集箱、一级减温器、二级过热器入口集箱、二级过热器、二级过热器出口集箱、二级减温器、三级过热器入口集箱、三级过热器、三级过热器出口集箱、三级减温器、四级过热器入口集箱、四级过热器、四级过热器出口集箱、主蒸汽管道。

2. 吹管流程

汽包→一级过热器→一级减温器→二级过热器→二级减温器→三级过热器→三级减温器→四级过热器→主蒸汽管道→临冲门→临时管道→靶板→临时管道→排大气。

3. 减温水管道吹扫

以减温水母管手动截止阀为界，在手动截止阀后将减温水母管割开，引临时管道至 0m，减温水支管采用蒸汽吹扫，母管至手动截止阀采用水冲洗。

三、吹管参数选择

（1）吹管系数计算公式为

$$K = (G_c^2 c_c)/(G_e^2 c_N) = (\Delta p_c)/(\Delta p_e) > 1$$

式中　　K——吹管系数；

　　　　G_c——吹管时蒸汽流量，t/h；

　　　　c_c——吹管时蒸汽比容，m^3/kg；

　　　　G_e——额定负荷蒸汽流量，t/h；

　　　　c_N——额定负荷蒸汽比容，m^3/kg；

　　　　Δp_c——吹管时汽包到过热器之间的差压，MPa；

　　　　Δp_e——额定负荷时汽包到过热器之间的差压，MPa。

为保证吹管过程中有较长时间吹管系数大于 1，经计算，吹管初参数汽包压力为 4.5MPa，主蒸汽温度为 400～450℃。

（2）每次吹管时汽包终压为 2.7MPa，在吹管过程中可根据有关参数对初参数作适当调整，并保证吹管过程中汽包饱和温降不大于 42℃。

（3）蒸汽管道金属的膨胀系数大于杂质的膨胀系数。利用这一特性，对附着在管道内壁、靠高速蒸汽难以吹洗的铁锈和焊渣进行冷却，使其从管壁上脱落，然后吹洗。

四、吹管质量标准

在吹管系数大于 1 的前提下，连续两次更换靶板，铝质靶板上冲击斑痕粒度小于 0.5mm，且肉眼可见斑痕不多于 5 点时为合格。

五、临时设施的装设及要求

（1）在汽轮机自动主汽门前接临时管道系统，临时管道采用 $\phi 219 \times 16mm$ 的 12CrMoV 钢管及弯头，其施工工艺同正式管道，采用的临时管道应尽量减少弯头，以减少阻力，确保吹管效果。

（2）在临时管道上安装临冲门（$p_N \geqslant 10.0MPa$，$t_N \geqslant 540℃$），全开、全关时间应小于 1min；临冲门的操作按钮设在控制室内，应能进行开、关、停三种操作。

（3）在临时管道最低处加装疏水阀。

（4）临时管道应装设牢固的固定滑动支架，克服反力。

（5）锅炉高温管道及临时管道应装好保温，以免烫伤人，特别是在更换靶板位置，在临时管道通行道处应搭设跨管步道。

（6）未参加吹扫的主管道、自动主汽门及调速汽门的管道应人工清理干净。

（7）吹管靶板规格标准：靶板材料为抛光铝板，其规格宽为排气管道内径的8%，长度为纵贯管道内径，厚度为4～5mm。装设位置应尽量靠近正式管道，靶板前的直管段不得小于2m。

（8）主蒸汽流量孔板拆除、缓装。

（9）排汽管的排汽口稍向上倾斜，排汽口朝向应避开建筑物、开关站及高压线等。如排汽口的朝向无法避开以上设施，应改变方向。

六、吹管必备的条件

1. 调试现场应具备的条件

（1）与机组有关的土建、安装工作已按设计要求结束。

（2）试运行设备与施工现场应设置隔离措施。

（3）下水道畅通，保证满足排水的需要。

（4）各种障碍物和脚手架已拆除。沟道盖板、平台栏杆齐全，地面平整清洁，工作人员能安全通行。

（5）照明充足，通风及消防设施齐全，消防通道畅通无阻。

（6）厂房施工完毕，门窗安装齐全，确保无风雨进入厂房。

2. 汽轮机侧应具备的条件

（1）凝结水泵、电动给水泵经验收合格，具备投运条件。

（2）启动辅助蒸汽系统安装吹扫完毕，正常投用。

（3）化学除盐水系统安装调试完毕，正常投用，除盐水箱、除氧器水箱补足除盐水，保证冲管期间补水可靠。

（4）压缩空气系统安装调试完毕，正常投用。

（5）循环水系统安装调试完毕，正常投用。

（6）工业水系统安装调试完毕，正常投用。

（7）疏放水系统安装验收合格。

（8）炉前系统冲洗合格，系统恢复完毕。

（9）汽水分析、监督用仪器、仪表已装好，准备投用。

3. 锅炉侧应具备的条件

（1）锅炉上料系统调试完毕，具备投用条件，燃料准备充足。

（2）各系统的管道、阀门、挡板等保温工作完毕；所有阀门、挡板编号齐全，标志清晰，开关灵活，指示正确，操作良好。

（3）各支吊架安装齐全、正确，受力均匀；各类弹簧支吊架销钉应拆除，经调校受力正常。

（4）酸洗工作结束，系统已恢复。清理下集箱，汽包内部装置已恢复。正式水位计已安装完毕，并能正常投运。

（5）送、引风机单机试转合格，符合设计要求。

（6）锅炉冷态通风试验结束。试验数据已整理，已提供给热控专业校核好热控装置，并作为燃烧调整的参考。

（7）汽包水位监视系统、风烟系统、火焰检测系统安装调试完毕，试用良好。

（8）各处膨胀间隙正确，膨胀无受阻现象。各膨胀指示器安装完毕，校至零位。

（9）炉膛及烟道竖井吹灰器全部在退出位置。

（10）热控 FSSS（锅炉压力保护）、DAS（数据采集系统）和 SCS（顺序控制系统）的锅炉部分安装调试完毕，主控盘上相应的表计、报警系统应能投入使用，汽轮机、锅炉有关保护及试验正常。

（11）燃烧器安装调试完毕，具备投运条件。

（12）除渣系统安装调试完毕，具备投运条件，捞渣机补水至适当水位。

（13）加药、取样、排污系统正常投用。

4. 其他应具备条件

（1）机组消防水系统安装调试完毕，具备投用条件。

（2）吹管临时管道安装验收完毕，加固牢靠，并有足够的膨胀裕量，符合要求。

（3）蒸汽临时管道保温完毕，靶板处及排气口拉设警戒线，并设专人监护。

（4）吹管用铝制靶板准备充足，并抛光。

（5）不参加吹管的流量装置等应拆除，管道恢复完毕。

七、蒸汽吹管调试步骤

（1）运行人员按运行规程要求检查所有设备，确认达到启动条件。

（2）启动仪用压缩空气，除盐水系统制水，保证锅炉上水、吹管期间足够的水量。

（3）投用上料系统，炉前料仓供料至料位40%以上。

（4）进行各连锁、保护、信号试验。

（5）启动锅炉点火，投用辅汽加热系统。

（6）启动给水泵，锅炉上水至汽包水位-100mm。

（7）对炉内进行检查、清扫，清除杂物。

（8）确定各风门、阀门、挡板在锅炉启动位置。

（9）开启除尘器旁路，关闭除尘器入口挡板。

（10）捞渣机补水至正常水位，保证水封。

（11）启动引风机，火焰检测冷却风启动。

（12）启动送风机，开启一、二次风，维持炉膛压力为-50Pa，维持空气流量。对锅炉进行吹扫，吹扫时间为5min。

（13）关小二次风风门，关闭一次风风门。

（14）调整油压为1.0MPa，启动油燃烧器，锅炉点火。

（15）启动捞渣机，启动上料系统，断油上料，锅炉升温、升压。

（16）密切监视汽包壁温差，严格按照壁温差曲线进行升温。

（17）化学人员化验炉水品质。

（18）投入给水泵自动，开启正常上水管路。

（19）根据蒸汽温度情况投入减温水，减温水门应缓慢开启，依据蒸汽温度变化调整减温水量。

（20）锅炉升压过程中，应严格控制燃烧，以保持炉内温度的均匀上升，使承压部件受热均衡膨胀，一般控制饱和蒸汽温度每小时升温不超过 50℃。

（21）伴随着点火过程，锅炉压力逐渐升高，应在压力升高的过程中，进行相应阶段的膨胀检查和记录。

（22）若发现膨胀不正常，必须查明原因并消除后，方可继续升压。

（23）汽压升至 0.1～0.2MPa 时，冲洗锅炉汽包水位计，核对其他水位计是否与汽包的实际水位相一致。

（24）汽压升至 0.15～0.2MPa 时，关闭汽包空气门、减温器集箱疏水门。

（25）汽压升至 0.3～0.5MPa 时，热紧法兰、人孔门等处的螺栓，热工人员冲洗各仪表管道。

（26）压力升到 2MPa，进行暖管，并检查临时管路的膨胀及固定情况，暖管充分后，试冲一次，试冲后，再次检查临冲管系统。

八、蒸汽吹管

第一、二次采用低压吹扫，以防杂物进入难以清除的角落或造成管子被堵塞，其余均为降压吹扫。

1. 低压吹扫

汽包水位为 −50mm；汽包压力为 2.0MPa，过热器温度为 350℃左右，无异常情况时，开启临冲门吹扫。共吹扫两次。

2. 降压吹扫

（1）维持汽包水位 −50mm，操作人员做好准备及记录。

（2）汽包压力升至 4.5MPa，过热蒸汽温度为 400～450℃时，全开临冲门，进行降压吹管。

（3）当汽包压力降至 2.7MPa 时，关闭临冲门。

（4）在蒸汽吹扫过程中，为提高吹洗效果，应停炉一次，时间在 12h 以上，以冷却过热器及其他管道。

（5）吹管合格后整理记录，办理签证。停炉冷却后，进行管道恢复工作。

九、调试总结

该次于 2012 年 6 月 24 日锅炉点火，开始试吹管；到 6 月 25 日共吹管 15 次，然后停炉。从 2012 年 6 月 24 日锅炉点火开始进行主蒸汽管道吹管，到 2012 年 6 月 26 日结束共进行 57 次吹管。最后连续安装 3 块靶板均达到并超过吹管导则标准要求，且第二块靶板较第一块靶板效果好，吹管合格。

吹管过程中出现的问题及处理措施如下：

（1）锅炉开始上料过程中，由于上料人员没有联系好，造成料仓满料，建议以后要加强工作联系，防止满料的发生。

（2）给料机发生了堵料，属于设计问题，由制造厂处理。

（3）取料机安装错误，进行改装。

（4）吹管中 20、30 号线给料机防火门打不开，手动开启。

（5）吹管中由于水冷套没有形成料塞，发生了回火现象。

吹管期间在有关单位的大力协助配合下，调试工作进展顺利，调试内容全部完成，并经过签证验收，系统运行的各项参数均符合设计要求，系统质量验评为合格，达到机组整套启动的要求。

十、吹管参数

蒸汽吹管记录表如表 3-9 所示。

表 3-9　　　　　　　　　蒸汽吹管记录表

序号	汽包压力（MPa）		过热蒸汽压力（MPa）		过热蒸汽温度（℃）		吹管时间	备注
	开始	结束	开始	结束	开始	结束		
1	1.61	1.02	1.70	0.98	360	358	2012 年 6 月 24 日 9：46～9：50	试吹
2	2.61	1.55	2.58	1.1	382	385	2012 年 6 月 24 日 10：14～10：19	试吹
3	3.5	2.32	3.3	1.41	378	381	2012 年 6 月 24 日 10：37～10：42	试吹
4	4.44	2.39	4.42	1.35	399	448	2012 年 6 月 24 日 11：13～11：48	

序号	汽包压力(MPa)		过热蒸汽压力(MPa)		过热蒸汽温度(℃)		吹管时间	备注
	开始	结束	开始	结束	开始	结束		
5	4.50	2.92	4.40	0.98	392	403	2012年6月24日 11：46～11：52	
6	4.51	2.97	4.40	0.98	432	430	2012年6月24日 12：32～12：38	
7	4.53	2.95	4.42	1.00	403	408	2012年6月24日 16：36～16：40	
8	4.51	2.99	4.41	1.12	419	425	2012年6月24日 17：02～17：08	
9	4.51	3.03	4.42	1.00	4.15	415	2012年6月24日 20：05～20：09	
10	4.53	3.05	4.46	1.01	419	428	2012年6月24日 21：21～21：25	
11	4.50	2.90	4.40	0.98	432	430	2012年6月24日 21：42～21：49	
12	4.52	2.99	4.42	1.0	445	445	2012年6月24日 22：03～22：07	
13	4.52	3.01	4.44	0.99	442	437	2012年6月24日 22：23～22：27	
14	4.52	3.0	4.43	0.98	423	418	2012年6月24日 23：03～23：08	
15	4.50	2.96	4.42	0.97	383	372	2012年6月24日 23：26～21：30	
16	4.74	2.94	4.65	1.00	373	402	2012年6月24日 23：45～23：51	
17	4.53	2.90	4.51	1.01	415	435	2012年6月25日 00：00～00：05	
18	4.52	2.97	4.42	1.00	430	422	2012年6月25日 00：19～00：23	停炉冷却
19	4.52	3.04	4.40	1.02	427	435	2012年6月26日 2：38～2：41	
20	4.50	3.02	4.42	1.00	411	402	2012年6月26日 2：51～2：55	点火继续吹管
21	4.53	3.09	4.46	1.00	411	402	2012年6月26日 3：06～3：09	

序号	汽包压力（MPa）		过热蒸汽压力（MPa）		过热蒸汽温度（℃）		吹管时间	备注
	开始	结束	开始	结束	开始	结束		
22	4.69	3.08	4.62	1.02	403	428	2012年6月26日 3：23~3：28	
23	4.59	3.10	4.51	1.03	428	427	2012年6月26日 4：09~4：13	
24	4.54	3.02	4.49	1.00	426	425	2012年6月26日 4：30~4：33	
25	4.61	3.07	4.56	1.02	426	425	2012年6月26日 18：36~18：40	
26	4.53	2.80	4.46	0.94	450	451	2012年6月26日 4：53~4：56	
27	4.61	3.06	4.55	1.04	437	431	2012年6月26日 5：18~5：21	
28	4.55	2.94	4.47	1.01	422	416	2012年6月26日 5：39~5：43	
29	4.61	2.97	4.52	0.99	415	426	2012年6月26日 5：57~6：01	
30	4.54	2.99	4.46	1.0	426	422	2012年6月26日 6：11~6：15	
31	4.55	3.0	1.48	1.0	426	422	2012年6月26日 6：27~6：30	
32	4.52	3.01	4.47	1.0	426	422	2012年6月26日 6：45~6：49	
33	4.53	3.05	4.46	1.0	416	412	2012年6月26日 7：04~7：07	
34	4.50	3.02	4.44	1.0	405	417	2012年6月26日 7：24~7：27	
35	4.52	3.08	4.45	1.0	390	397	2012年6月26日 7：45~7：48	
36	4.5	3.05	4.43	1.01	408	412	2012年6月26日 8：01~8：06	
37	4.52	3.06	4.46	1.02	423	427	2012年6月26日 8：22~8：27	
38	4.71	3.08	4.64	1.03	428	442	2012年6月26日 9：28~9：33	

续表

序号	汽包压力 (MPa)		过热蒸汽压力 (MPa)		过热蒸汽温度 (℃)		吹管时间	备注
	开始	结束	开始	结束	开始	结束		
39	4.75	3.01	4.69	1.01	428	442	2012年6月26日 10：50～10：55	放置靶板
40	4.54	3.05	4.49	1.02	428	438	2012年6月26日 11：41～11：48	
41	4.60	3.05	4.53	1.0	409	402	2012年6月26日 12：00～12：05	
42	4.61	3.0	4.54	0.98	392	421	2012年6月26日 12：20～12：24	
43	4.58	3.0	4.51	0.99	427	430	2012年6月26日 12：36～12：41	
44	4.6	3.07	4.54	1.0	431	440	2012年6月26日 12：59～13：04	
45	4.56	3.03	4.48	1.0	436	432	2012年6月26日 13：15～13：19	
46	4.52	3.02	4.46	0.99	424	420	2012年6月26日 13：32～13：37	
47	4.52	3.02	4.46	0.98	424	420	2012年6月26日 13：58～14：02	
48	4.56	3.01	4.50	0.98	412	413	2012年6月26日 14：38～14：42	放置靶板
49	4.56	3.05	4.49	1.0	421	451	2012年6月26日 15：06～15：10	
50	4.5	3.03	4.42	1.0	430	423	2012年6月26日 15：23～15：27	
51	4.52	3.05	4.46	0.99	426	421	2012年6月26日 15：41～15：45	
52	4.52	3.07	4.48	1.02	424	448	2012年6月26日 15：59～16：03	
53	4.50	3.02	4.44	0.99	457	460	2012年6月26日 16：13～16：16	
54	4.52	3.05	4.45	1.02	442	433	2012年6月26日 16：37～16：41	
55	4.51	3.0	4.44	1.0	403	405	2012年6月26日 17：18～17：21	

序号	汽包压力（MPa）		过热蒸汽压力（MPa）		过热蒸汽温度（℃）		吹管时间	备注
	开始	结束	开始	结束	开始	结束		
56	4.51	3.03	4.44	0.98	395	396	2012 年 6 月 26 日 17：42～17：44	
57	4.52	3.06	4.44	1.0	409	422	2012 年 6 月 26 日 18：14～18：17	
58	4.5	3.01	4.41	0.98	416	411	2012 年 6 月 26 日 18：25～18：29	放置靶板
59	4.5	3.25	4.41	1.03	343	344	2012 年 6 月 26 日 18：38～18：42	放置靶板
60	4.45	3.07	4.38	0.98	353	375	2012 年 6 月 26 日 18：56～18：59	放置靶板

减温器吹管数据见表 3-10。

表 3-10 **减温器吹管数据**

序号	汽包压力（MPa）		过热蒸汽压力（MPa）		过热蒸汽温度（℃）		吹管时间	备注
	开始	结束	开始	结束	开始	结束		
1	4.25	3.2	4.2	2.0	412	410	2012 年 6 月 26 日 19：10～19：15	1 号减温水管路
2	3.92	2.8	3.9	2.1	409	405	2012 年 6 月 26 日 19：16～19：22	2 号减温水管路
3	3.55	2.4	3.5	2.2	395	390	2012 年 6 月 26 日 19：23～19：30	3 号减温水管路

3.11 安 全 阀 校 验

一、校验目的

校验安全门的起跳和回座压力，以确保锅炉在异常情况下不超压，防止异常情况下事故的扩大。

二、设备及系统简介

该锅炉在汽包上装有两只全量型安全阀，在过热器出口集箱装有两只全量型安全阀，具体型号，规格如表 3-11 所示。

表 3-11　　　　　　　安全阀具体型号及规格

序号	名　称	单位	汽包安全阀	过热器安全阀
1	型号		PAT-741F、PN20、DN65	PAT-749F、PN16、DN60
2	安全阀个数	只	1	1
3	公称直径	mm	65	60
4	安全阀喉部面积	mm²	1809.556	1385.441
5	启闭压差	%	7	7
6	排放系数 K		0.975	0.975
7	工作压力	MPa	10.3	9.20
8	工作温度	℃	311	540
9	安全阀整定压力	MPa	10.82	9.66
10	安全阀回座压力	MPa	10.0	9.0
11	单个排放能力	kg/h	93 905.82	49 296.9
12	总排汽能力	kg/h	143 202.73	
13	介质		蒸汽	蒸汽

三、安全阀的调整

（1）安全阀的热态调整试验，由调试单位统一指挥，安全阀生产厂家及安装单位专业人员对安全阀的起座、回座值进行调整，电厂运行人员负责运行操作，电厂及监理单位专业人员需到现场进行协调及监督工作。调整时，就地和集控室均有专人在现场，以便及时联系和协商相关事宜。

（2）校验压力以就地压力表为准。

（3）校验按由高到低的顺序对两只安全阀依次进行，即汽包安全阀、过热器安全阀。并做好防止其他未校验过的安全阀起座的措施。

(4) 当压力升至 8.0MPa 时，应降低升压速度，当压力超出校验定值 0.1MPa 而安全阀仍未起座时，应开启对空排气泄压，待压力低于校验定值 2.0MPa 时，稳压，对安全阀进行调整，调整结束后重新升压校验，直至合格。

(5) 安全阀按规定值调整结束后，应装好防护罩，加上铅封，做好安全阀起座及回座值的记录。

四、安全阀整定值

安全阀整定值见表 3-12。

表 3-12 安全阀整定值

名　称	起座压力（MPa）	回座压力（MPa）
汽包安全阀	10.82	10.0
过热器安全阀	9.66	9.0

安全阀动作起跳误差小于或等于整定值的 $\pm 1\%$。

五、安全阀整定记录

安全阀整定记录见表 3-13。

表 3-13 安全阀整定记录

名　称	起座压力（MPa）		回座压力（MPa）	
	设计	整定后	设计	整定后
汽包安全阀	10.82	10.80	10.0	9.95
过热器安全阀	9.66	9.60	9.0	9.3

六、安全门调试结论

2012 年 7 月 6 日在有关单位的协助配合下，安全阀调试工作进展顺利，调试内容全部完成，安全阀整定值符合规定值，起跳准确，回座正常。并经过签证验收，安全阀运行的各项参数均符合设计要求，安全阀质量验评为合格，达到机组整套启动的要求。

3.12 锅炉严密性试验

一、试验目的

检查锅炉热态的严密性，为机组正常可靠运行打下基础，检验热态时安装质量，为下一步调试安全做好保障。

二、操作程序

（1）按正常点炉操作规程程序进行，执行《锅炉运行规程》（可在吹管结束后或带负荷期间进行）。

（2）升温、升压至 540℃、9.2MPa 时，点火排汽，保持压力稳定 20min 后进行检查。

（3）按指定人员分工，进行全面检查并做好记录。

（4）检查人员检查中应距离检查的焊口、阀门、法兰、盘根等危险处 1.5m 以上。

（5）仔细检查汽水系统的各胀口、焊口、人孔门、手孔、全部汽水阀门、法兰连接等处的严密性。

（6）检查汽包、集箱各受热面和汽水管道膨胀情况。

（7）检查吊杆、支吊架弹簧的受力、移位和伸缩情况是否正常，是否妨碍膨胀。

（8）当判断为部件泄漏或难以判断时，应用玻璃或光洁的铁片进行测试，严禁用手触摸，非工作人员严禁进入现场。

（9）当危及人身和设备安全时，应按事故紧急处理，并严格执行《运行规程》。

（10）一切合格、无漏点，认证为严密合格。

三、试验结果

升温、升压至 540℃、9.2MPa，稳定 20min 后进行检查。焊口、人孔门、手孔、法兰、阀门压盖填料等严密性正常，基本符合要求。汽包集箱汽水管道膨胀情况正常。支吊架、弹簧变量和位移正常，弹簧膨胀无障碍。在有关单位的大力协助配合下，调试内容全部完成，系统运行的各项参数均符合设计要求，系统质量验评为合格,达到机组整套启动的要求。

3.13　锅炉吹灰系统调试

一、系统概述

为了保持锅炉各级受热面的清洁,提供了足够数量的吹灰器用来吹扫过热器、省煤器及水冷壁的积灰。在炉膛内壁采用墙式吹灰器,在第三、第四回程中设有长伸缩式吹灰器。吹灰器的吹灰介质是汽轮机来的抽汽,送入吹灰器进行吹灰。炉膛内墙式吹灰器有 11 个,安装在炉膛的不同部位。过热器区域长伸缩式吹灰器有 5 个,安装在每组过热器的上方。省煤器及烟气冷却器区域长伸缩吹灰器有 8 个,安装在每组省煤器和烟气冷却器的上方。吹灰器的合理设置及有效工作可以保证锅炉各部分受热面不被烟气沾污和腐蚀,以确保应有的受热面吸热量和锅炉机组的长期安全有效运行。

吹灰器参数见表 3-14 和表 3-15。

表 3-14　　　　　　　　　IR 型炉膛吹灰器参数

参　数	单　位	数　值
蒸汽工作压力	MPa	0.8~1.5
蒸汽工作温度	℃	≤350
吹灰器数量	台	13
功率	kW	0.25
导程	mm	85
吹扫角度	(°)	360

表 3-15　　　　　　　　　IK525 炉膛吹灰器参数

参　数	单　位	数　值
蒸汽工作压力	MPa	0.8~1.5
蒸汽工作温度	℃	≤400

参　　数	单　　位	数　　值
吹灰器数量	台	13
功率	kW	0.25
导程	mm	85
吹扫角度	(°)	360

注 1. 锅炉本体吹灰汽源设定值：压力为0.8~1.5MPa，温度为350℃。
2. 锅炉本体吹灰系统疏水阀启闭设定值：温度为280℃。

二、调试的目的

（1）检验锅炉吹灰系统是否稳定、可靠，并达到设计要求及满足运行需要。

（2）掌握吹灰设备运行特点，为运行操作调整提供依据。

（3）检验锅炉蒸汽吹灰系统自动控制是否可靠。

三、吹灰的注意事项

（1）为了消除锅炉受热面积灰，保持受热面清洁，防止炉膛严重结焦，提高传热效果，应定期对锅炉进行吹灰。

（2）锅炉吹灰，需征得司炉同意后方可进行。吹灰时，要保持燃烧稳定，适当提高炉膛负压，加强对蒸汽压力、蒸汽温度的监视与调整。

（3）吹灰时，负荷要控制在80%以上。

四、锅炉吹灰操作方法

（1）全开吹灰进汽电动门，调整吹灰进汽调整门。

（2）全开吹灰减温减压电动门，调整吹灰减温减压调整门。

（3）维持吹灰压力为1.5~2.0MPa，温度为350℃。

（4）全开吹灰疏水门，充分暖管、疏水后，待疏水温度升高到280℃以上时，疏水门自动关闭。

（5）点击操作面板上的"程控"按钮和"进行"按钮，自动进行蒸汽吹灰，程序禁止两台及以上吹灰器同时进行吹灰工作。

（6）若个别吹灰器损坏，可以在跳步面板上将其点红。程序控制吹灰时，将跳过该吹灰器，其他吹灰器仍按照程序进行吹灰。

（7）吹灰结束后，关闭吹灰进汽门和进汽调整门。

（8）关闭吹灰减温减压电动门和吹灰减温减压调整门。

（9）发现吹灰器卡住，应立即将自动改为手动退出，同时严禁中断汽源，可适当降低吹灰压力（1.0MPa 左右），联系检修人员将其退出。

（10）吹灰器的预热和程序控制可以通过就地控制盘（LCP）来操作。

五、热备用模式

当没有进行吹灰时，吹灰器系统要保持压力以减少腐蚀，这种模式称为热备用模式，由就地操作盘来控制。

六、吹灰系统停运

操作人员可以随时中断正在进行的吹灰程序。程序的中断意味着工作吹灰器立即收缩回来，当所有的吹灰器都收缩回来后，将停运吹灰系统。

七、中断命令

如果锅炉汽包水位保护装置没有显示水位大于极限值，但引发了总燃料跳闸，作为保护连锁，自动给出中断命令。

八、调试结论

调试过程中出现的问题及处理措施如下：

（1）冷态调试过程中对吹灰器单独控制、程序控制进行了试验，运行正常。

（2）对逻辑内长吹灰器运行时间进行了测试修订。

（3）热态调试过程中发现部分长伸缩式吹灰器后端太低（锅炉向上膨胀），没有枪管疏水坡度，建议以后改为后端高、前端低，以免影响疏水。

（4）10 号长杆转动吹灰器吹灰时退不回来，进行了处理。

（5）短杆转动吹灰器有 2 台不能启动，进行了处理。

2012 年 7 月 19 日完成对吹灰器的调试，吹灰器在热态调试过程中，多处法兰盘根漏气严重，经处理后此问题解决，调试内容全部完成，系统运行的各项参数均符合设计要求，系统质量验评为合格，达到机组整套启动的要求，可以正常投入运行。

3.14　布袋除尘器及输灰系统调试

一、调试目的

（1）检验锅炉除尘、除灰系统出力是否达到设计要求及满足运行需要。

（2）检验锅炉除尘、除灰系统是否满足系统的安全稳定运行。

（3）掌握除尘、除灰设备运行特点，为运行操作调整提供依据。

（4）试验其控制连锁可靠。

二、设备及系统简介

（一）除尘系统

此除尘系统包括布袋除尘器、旋风除尘器、除尘器进、出风管路系统。

含尘烟气经旋风除尘器进入脉冲布袋除尘器进行净化，经引风机，由烟囱向大气排放。

脉冲袋式除尘器各项参数见表 3-16。

表 3-16　　　　　　　　脉冲袋式除尘器技术参数

序号	技术参数	单　位	数　值
1	处理烟气量	m^3/h	
2	烟气工作温度	℃	145～180
3	过滤室数	个	小室、大室
4	滤袋数量	条	1536
5	滤袋规格	mm	$\phi 160 \times 6750$
6	总过滤面积	m^2	5208
7	全过滤风速	m/min	0.92

序号	技术参数	单　位	数　值
8	净过滤风速	m/min	0.9
9	脉冲阀数量	只	95
10	喷吹压力	kPa	500~700
11	耗气量	m^3/min(标准状态)	5
12	插板阀数量	台	1
13	漏风率	%	<2
14	排放浓度	mg/m^3	≤30
15	设备阻力	kPa	1.5
16	设备耐压	kPa	-7

（二）除尘器组件

1. 分室

除尘器的上箱体由四个大室构成，主要用于离线清灰并便于维护，每个大室有 270 条滤袋，共 4 个灰斗。

2. 灰斗

灰斗的主要用途如下：

（1）作为每个室的烟气入口。

（2）收集灰尘，再由输灰系统排出。

每个灰斗内部装置设置了导流板和隔板，以最大限度地减少紊流，改善滤袋底部烟气的分配。必须注意，灰斗不可以用于储灰。

3. 中箱体和上箱体

每个室都有一室中箱和两室上箱，中箱是放置滤袋的，滤袋以上的气密的净气室是上箱。

4. 花板

用于支撑滤袋和隔开除尘器的含尘气室和净气室，上箱还可以用做检查滤袋的平台。

5. 压缩空气分配系统

压缩空气分配系统包括仪表、气源、空气管路、分气箱、空气炮、电磁阀、脉冲阀、喷吹管和定时器。每排滤袋上都有一根喷吹管，通过电磁脉冲阀和分气箱连接。

喷入滤袋的压缩空气量是由分气箱内的气压和脉冲阀的开启时间决定的，系统调压阀用来指示和控制清灰气压，提供给分气箱的气压应该在 0.35～0.49MPa 之间，压力设置越低滤袋损坏就越少，阀的开启由定时器控制。

6. 定时器盒

脉冲除尘器每个室的电路包含两种主要组件：一个定时器盒和许多个电磁脉冲阀。一根喷吹管对应一个电磁脉冲阀，并在定时器盒预先装好接线，定时器盒装在分气箱附近，另每室设置一个压力计来监视各室的压力降，总的压差变送器用来监视整台除尘器的总的压力降。定时器采用可靠的集成电路固态结构，额定工作条件为环境温度在 $-10～+50℃$ 之间，输入电压为交流 220V。

7. 检修门

每个灰斗有一扇检修门，除尘器工作时不可以泄漏。

8. 滤袋

每个室含 384 条滤袋，滤袋由塞入滤袋的袋笼支撑。滤袋的装入和取出都在净气室进行，将喷吹管移开后就可以通过花板孔装卸滤袋和袋笼组件。

9. 进出风管

进出风管将烟气分流入除尘器的每个室，风管位于两侧除尘器的中间。

10. 袋式除尘器阀

每个室出口处设置有出风提升阀，对这些阀要减少泄漏。

11. 提升阀

打开和关闭提升阀的动力是由一个汽缸提供的，由一个单电控二位四通电磁阀控制。

12. 旁通阀

要求必须密封，否则排放就会超标；在系统运行中不允许在旁通阀关闭状态下所有出风提升阀意外关闭。

13. 灰斗加热器

灰斗加热器的使用是为了减少灰斗结露腐蚀和提高卸灰效果，控制面板上有一个单独控制的温度控制器，其最低设定点为120℃，上限为150℃，高于150℃停止加热。

14. 灰斗料位计

通过电容的变化查出过高的积灰。

15. 仪表和控制

PLC控制系统可以全自动操作、模拟操作和个别操作，整个PLC由DCS来监视控制。

输灰系统采用气力输灰，共有8个灰斗（竖井灰斗2个、旋风分离器2个、布袋除尘器4个）。整个系统由2台罗茨风机、灰斗下手动插板门、给料机、气动插板门、输灰管道及灰库设备组成，灰库又分干灰、湿灰两套放灰系统。

三、调试步骤

1. 启动前的准备和检查

（1）检查供电设施正常供电，投入DCS自动控制和监测、报警系统，检查控制和监测、报警系统显示正常并无故障报警信号。

（2）检查设备和管道的检修人孔门关闭严密。

（3）如果环境温度低于120℃时，锅炉点火前8h投入除尘器灰斗蒸汽加热装置，检查各部位不应漏气（停炉后灰斗蒸汽加热装置可保持运行）。

（4）锅炉点火前确认投入输灰装置。

（5）锅炉点火前投入卸灰装置，确认插板阀开到位，星形卸灰阀运行正常。

（6）预涂灰按照要求完成。

初次运行必须进行预涂灰，短期停炉可以不进行预涂灰，但停炉前必须先行停止清灰程序；长期停炉后的再次启动必须进行预涂灰。

（7）检查压缩空气供应系统的储气罐和管路上的减压阀的出口压力应符合规定。

2. 启动

（1）进、出口电动挡板门处于全关状态（关到位），旁通烟道挡板门处于全开状态（开到位）。

（2）锅炉点火，此时烟气应全部通过旁通烟道。

（3）待锅炉稳燃，进入袋式除尘器的烟气温度达到120℃以上时，切换至袋式除尘器，即先打开出口电动挡板门，然后打开1、2室挡板门，最后关闭旁通烟道门至全关位置。

（4）切换至袋式除尘器的同时要同时投入自动控制系统（包括清灰程序、参数检测和报警等）。

（5）在除尘器运行过程中要密切注意烟气温度、花板上下压、灰斗料位等参数。

3. 正常停炉时除尘器操作

长期停炉和短期停炉的界定：以1周为界，停炉时间1周内的称为短期停炉，超过1周的为长期停炉。

（1）停炉操作注意事项如下：

1）短期停炉。在接到停炉通知后，检查除尘器双室平均压差如果小于700Pa应停止清灰，保持滤袋外有一层灰饼，可保证下次点火投油时对滤袋起保护作用，即可不进行预涂灰。

2）长期停炉。接到停炉通知后，不停止清灰程序，即在锅炉停炉后，要进行清灰程序至少2个周期，清掉滤袋上的所有灰尘。同时保持引风机运行，用空气置换完除尘器内的烟气。再次启动袋式除尘器前，必须进行预涂灰。

（2）无论长期停炉还是短期停炉，均应保持卸灰、输灰系统运行正常，至灰斗内没有存灰，方可停止卸灰、输灰系统。如果冬季，应保持灰斗蒸汽加热装置运行，直至灰斗内无存灰。

（3）停用压缩空气供应系统。

（4）接到司炉送、引风机已停机的通知后，关闭除尘器两室的进出口挡板门。

（5）检查 PC 机控制和监测、报警系统显示无故障报警信号后，停用 DCS 自动控制和监测、报警系统。

四、调试总结

冷态调试过程出现的问题及处理措施如下：

（1）两台罗伯茨风机由于接线错误，造成了反转，后进行改线后得以解决。

（2）部分输灰管道气动门存在卡涩、打不开现象，施工单位及厂家进行了处理。

（3）布袋除尘器顶部盖板存在漏气现象，重新压装密封垫。

（4）输灰、除尘系统开关柜应加防雨措施。

（5）1~4 号除尘器灰斗和预除尘器灰斗加热器电气故障，进行了处理。

（6）1 号气源风机加热器电源线路接地。

（7）1、2 号旋风除灰器堵灰严重，进行了疏通。

2012 年 7 月 12 日对除尘器进行了单体的调试和系统的冷态调试。在有关单位的大力协助配合下，调试内容全部完成，并经过签证验收，系统运行的各项参数均符合设计要求，系统质量验评为合格，达到机组整套启动的要求，可以正常投入运行。

3.15　机组整套启动试运

在辅机单体的分部试运、分系统试运结束后，经启动验收委员会和质量监督中心站确认，机组已经具备了整套启动的条件。于 2010 年 12 月 14 日，机组进入整套启动调试阶段。整套启动调试分三个阶段进行。

第一阶段：空负荷调试，2012 年 7 月 6 日~2012 年 7 月 11 日。

第二阶段：带负荷调试，2012 年 7 月 11 日~2012 年 7 月 24 日。

第三阶段：满负荷及（72+24）h 试运，2012 年 7 月 24

日～2012 年 7 月 28 日。

一、锅炉在整套启动调试期间的问题分析及整改措施

（一）振动炉排

振动炉排外侧间隙不够，经过扩大间隙、风室密封板过高处理后冷态试运正常，100％负荷，启动电流为 79A；50％负荷，电流为 55A。2012 年 6 月 24 日点火，炉排连锁投入，振动正常。

（二）风烟系统

送、引风机液力耦合器输出转速高，引风机最低转速为 309r/min，影响锅炉效率及安全，联系厂家调整零位，试转引风机最低转速为 150r/min、送风机为 208r/min，达到了预期目的。引风机 800r/min 以上时产生了振动，厂家来人处理。引风机由于测点松动发生了振动误跳。

（三）汽水系统

烟气冷却器泄漏。属于制造问题，进行了封堵处理。一级过热器制作了卡子，防止了错位。

（四）输灰系统

在输灰系统投用过程中发现，输灰给料机密封不严，影响安全及环境，烟气中水分含量高，造成多次堵灰现象。

1. 处理措施

（1）增加吹扫时间。

（2）给料机加装密封毛毡，避免漏气。经以上处理后基本能正常输灰。

2. 针对输灰系统运行提出几点建议

（1）在运行过程中加强巡检，发现堵灰后立即处理。

（2）锅炉连续输灰，灰斗内不要积灰太多；对布袋除尘器 4 个灰斗输灰时间加长，每个为 15～20min，旋风分离器内积灰多，设定 5min，输灰投入空气炮连锁 2～3min。

（3）运行中加强灰斗内料位监视，料位高时延长输灰时间并就地进行检查。

（4）监护好灰库料位，定期放灰。

（五）布袋除尘器

炉运行人员多加注意，避免锅炉正压的产生，锅炉燃料中的水分严格控制在20％的范围内，并且要求燃料在锅炉内充分燃烧，以减少火星的产生。经常检查除尘系统的运行情况，特别是除尘器的清灰和除尘器灰斗内的卸灰情况，要求除尘器卸灰顺畅，防止灰斗内积灰。

（六）炉前给料机、取料机

运行过程中，发现给料机过流，不能正常工作的原因如下：

（1）由于水冷套堵料，给料机前端螺旋片功率加大，造成螺旋晃动。

（2）取料机螺旋方向装反了。

（3）加强料仓料位监视，料位不要太高。

（4）根据料位控制取料机频率，运行时监护好给料机电流变化，避免给料机堵料。

（5）由于给料机堵料严重，将水冷套内的压紧装置顶起焊住。

（6）20、30号线给料机更改为等径螺旋。

（七）2号皮带

经过一段时间运行2号皮带经常跑偏，建议经常检查，尽早发现并及时处理；避免皮带被硬物损伤，建议运行及检修人员加强检查，防止撕裂。

（八）螺栓

炉前给料机运行一段时间后设备固定螺栓松动甚至脱落，进行了焊接加固，建议在以后运行中加强监护，发现问题后立即处理，停炉后紧固螺栓。

（九）防止给料机堵料的建议

给料机及水冷套堵料的主要原因是由于燃料水分大、杂物多，燃料在水冷套内流动性差，摩擦阻力增大，使燃料在水冷套内堵塞，造成停炉。针对以上情况做一些辅助性措施：

（1）给料机阻力大，造成给料机晃动大，通过加装限位板固定。

（2）对水冷套内部进行打磨，减少阻力。

（3）压紧装置抬起不用，减少了给料机阻力。

（4）加强运行监护，给料机电流报警，减少给料量。水冷套缩短后固然能解决堵料，但也有不利因素，燃料不容易形成料塞，易造成回火，发生火灾。建议在以后运行中注意以下几点：

1）锅炉运行注意负压，特别是振动炉排振动时，投用引风机负压调节；

2）低负荷情况下4条线给料机交替运行；

3）现场加强监护，发现回火后立即关闭取料机防火挡板，采取应对措施；

4）建议以后运行过程中加强设备维护，定期加润滑剂。

（十）主料线问题及解决方案

（1）逻辑问题。通过实践运行对逻辑进行了修改完善，完全能满足运行的需要。

（2）行走小车限位开关安装问题。造成小车不在工作位，建议厂家改造，运行人员将小车行走速度控制在25%以内。

（3）料包尺寸不规则、散包，易造成上料线中断，运行时加强监护，发现后及时处理，保证整个主料线的通畅。

（4）1号喂料链条发生断裂，进行了处理。

（5）1、2号解包机电动机启动时空气断路器跳闸，更换空气断路器。

（十一）锅炉炉渣含碳量高

高负荷锅炉炉渣含碳量高的原因分析如下：

（1）炉型设计是烧黄秆的，而实际烧的是综合料，灰分含量较高。

（2）一次风量较小，建议增加高中端一次风量，增加料的穿透力，利于燃烧。

（3）合理使用二次风。20MW以上负荷时，建议前二次风压在 2kPa 以上、后二次风压在 3kPa 以上。

（4）炉排使用建议缩短间隔，减少振动时间，适当降低振动频率，做到勤振，以增加穿透力，减少结焦、减少不完全燃烧热损失。

（5）尾部烟道阻力小，火焰集中在折焰角下面燃烧，炉排低端容易堆积烧不透。

（6）炉排振动时防止锅炉冒大正压。

（7）尽量减少烟气带灰，燃尽风开度最好在 40％ 以上，以利完全燃烧。

二、根据燃料的特点，对锅炉燃烧提出的调整建议

（1）锅炉运行人员应及时掌握入炉燃料特性，并进行相应的燃烧调整。燃料种类更换前应该首先通知运行人员，锅炉燃烧做出相应调整。

（2）保持合理的炉排料层厚度和火焰前沿。控制炉排的料层厚度不超过 1～2.0m；控制火焰前沿在侧墙第二观火孔处，确保在此处后低端看不到正在燃烧的燃料，即达到见火不见料的要求。

（3）控制燃料的含土量。将含土量高的燃料与含土量低的燃料进行掺烧。

（4）控制合理的振动时间、频率和停止时间。当燃料的水分和负荷增加时，应相应增加振动频率和振动时间。建议：当机组负荷小于 15MW 时，振动时间应设置为 8～10s，停止时间应设置为 7min，振动频率应设置为 80～90Hz；当机组负荷大于 20MW 时，振动时间应设置为 10～12s，停止时间应设置为 5min，振动频率应设置为 80～100Hz。时间和振动频率不是固定不变的，应随实际情况而定（主要是燃料情况），勤观察、勤看火、勤调整。

（5）在监盘时，要经常监视振动炉排是否能够达到设置的振动频率，是否正常工作。如果运行时，炉排振动装置发生异常或振不起来，且在 30min 内不能恢复运行，则应立即降负荷运行。

（6）建议炉膛压力控制为-50～-100Pa（炉排振动前可以稍大）。

（7）控制合理的送风机出口压力和炉排风流量（避免炉排上燃料缺氧）。当燃料的水分和负荷增加时，应提高送风机出口压力和炉排风流量。风量、风压根据实际情况进行调整。建议：当机组负荷小于15MW时，送风机出口压力应设置为6～7kPa，当机组负荷大于20MW时，送风机出口压力应设置为7～8.kPa。

（8）控制合理的点火风量。当燃料的水分和负荷增加时，应提高点火风压力，增加点火风，加速燃料气化。

（9）控制合理的氧量。根据进料量控制氧量，锅炉低负荷时氧量可控制在6%以上；当负荷大时，氧量应维持在4%～6%。监视好炉排振动时氧量变化，杜绝振动时严重缺氧。

（10）点火前，投入启动锅炉，加热除氧器给水，提高预热器风温。

（11）完善后墙的看火孔，点火前清理看火孔处积灰，方便运行人员巡检和观察低端炉排上积渣情况。

（12）加强巡检，派出有经验的人员观察炉排着火情况，巡检时一定要注意1号捞渣机出口的灰渣情况，如果发现有较大焦块，要及时进行调整；同时要注意在炉排振动时，落渣井是否异常振动。

（13）在正常运行时，调整10线和40号给料机转速小于20号和30号给料机转速，使炉排两侧进料量小于炉排中间的进料量，确保燃料在炉排宽度方向上按中间高、两侧低分布。

（14）发现炉排结渣后，应立即降负荷运行，通过增加振动时间和振动频率，增加炉排风量，清除炉排上的焦块。

（15）锅炉启动点火前，一定要将炉排上积存的灰渣清理干净，同时确保炉排上的风孔通畅。

（16）根据渣量调节捞渣机频率，渣量小时低频率，渣量多时高频率，建议工频运行。

（17）锅炉燃烧调整，可以参照下文进行。

锅炉燃烧调整探讨

2012 年 7 月 24 日，进入 72h 试运后锅炉燃烧生成的灰渣可燃物达到 30％，严重影响着电厂的安全经济运行。

一、现状

(1) 燃料灰分大。燃料主要以棉秆、树皮、玉米秸秆为主。燃料里掺入了大量的土，灰分含量高于 30％。

(2) 燃料适应性差。黄秆锅炉只设计了一层二次风，上面是一排燃尽风、下面是点火风。但是进入炉膛的燃料大多为灰秆。

(3) 给料机容易堵料。20、30 号线变径螺旋给料机改造为等径螺旋后堵料问题得到了缓解，但是水冷套不容易形成料塞。10、40 号线在取料量大于 30％时，还是容易堵料。

(4) 锅炉设计不能适应入炉燃料。产生同等容积热负荷时，由于燃料热值低、灰分大，需要进入超出锅炉燃烧设计的燃料，造成炉排料层厚度增加，不容易烧透。随着炉排振动，大量未能燃烧的燃料混合着不能燃烧的灰土进入炉排低端，形成厚料层。炉排低端是二次风的死区，一次风又不能穿透料层，因此生成了焦渣。

(5) 三级过热器容易超温。由于料层高于设计的厚度，就必须加大风量，造成了截面热负荷增加、炉膛温度场上移。

(6) 振动炉排时炉膛正压大。由于料层太厚，所以振动炉排时燃烧扰动太大，最大时为 1.2kPa。

(7) 除尘器堵灰。因为燃料里的灰土量大、燃烧不完全，产生了高过除尘器设计能力的灰量，造成了堵灰。

(8) 运行人员大多是新手，运行经济不足，对锅炉燃烧还没有深刻的理解。对于锅炉燃烧的掌握需要一个梳理的时间和经验积累的过程。

二、锅炉燃烧分析

燃料经过挤压通过水冷套,在柔性管上堆积,经过高端一次风和点火风迅速穿透,形成了强烈的气化作用,生成浓烈的还原性气氛,在高温下燃烧。炉排中端燃料迅速与强劲的二次风混合,形成了高效燃烧。

燃烧中燃料里的灰土太多,形成了燃烧与氧迷漫的屏障。为了克服这种障碍就必须增加风的压头,以高速的穿透和强烈的燃烧翻滚破坏影响燃烧的氛围。这样的结果就是:

(1)烟气速度加快、烟气携灰量大量增加。

(2)燃烧完成后的灰土向炉排低端转移,造成炉排低端厚度太厚。低端里许多来不及燃烧的较大颗粒,在低端死区随着炉排振动排出。

(3)由于锅炉设计与燃料的不能适应,产生了锅炉床层燃烧技术与多土燃料无法调和的矛盾。造成了机械不完全燃烧居高不下。

三、锅炉燃烧调整思路

(1)在炉排中端一定高度,制造一个强力的燃烧中心,以保障燃烧完全、减少不完全燃烧。

(2)加强炉排振动。保持炉排燃料较薄的厚度,利于一次风的穿透,以期待炉排低端还能继续燃烧,最大可能地减少不完全燃烧产物的增加。

(3)利用燃尽风和降低火焰中心的方法保障三级过热器不超温。

(4)加强燃料的掺配。在保障负荷的同时,掺配一些易于燃尽的轻质燃料。

25MW 以上负荷工况下锅炉配风参考值见表 3-17。

表 3-17   25MW 以上负荷工况下锅炉配风参考值

项　　目	参考值
总风压(kPa)	8
氧量(%)	4~8

续表

项目		参考值
一次风(%)	高端挡板开度	60
	中端挡板开度	65
	低端挡板开度	60
二次风(%)	后墙挡板开度	55
	前墙挡板开度	50
	点火风挡板开度	15
	燃尽风挡板开度	20~80
炉排振动(s)	间隔时间	300
	振动时间	11
频率(Hz)		88

2012年7月24日，72h试运开始。

2012年7月26日，72h试运结束。

2012年7月28日，24h试运结束。

72h满负荷试运期间机组主要参数见表3-18。

表3-18　　　72h满负荷试运期间机组主要参数

项目	负荷 (MW)	主汽压力 (MPa)	主蒸汽 温度(℃)	主蒸汽流 量(t/h)	给水流量 (t/h)	总风压 (kPa)	预热器后 风温(℃)
参数	31.6	9.15	531	131	132	8	196.5

项目	炉膛温度 (℃)	炉膛负压 (Pa)	排烟温度 (℃)	烟气含氧 量(%)	汽包水位 (mm)	送风机电 流(A)	引风机电 流(A)
参数	710	-100	130	4	10	34.3	37.9

运行参数如图3-7所示。

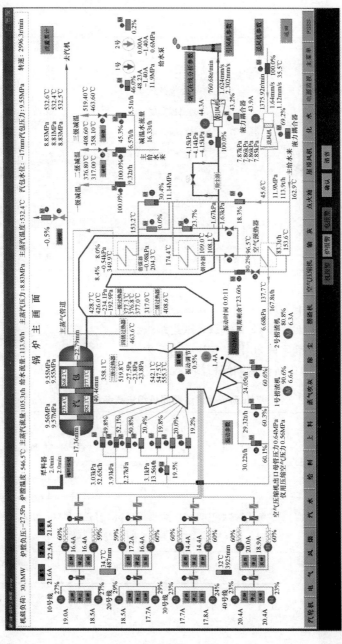

图 3-7 运行参数

3.16 总 体 评 价

自 2012 年 4 月 20 号锅炉分部试运开始，至 2012 年 7 月 28 日机组（72＋24）h 满负荷试运结束，锅炉一次点火成功，发电机并网一次成功。机组顺利完成（72＋24）h 满负荷试运的目标。

锅炉在整套启动期间，锅炉各部膨胀均匀，烟风系统、汽水系统、给水系统、吹灰系统、炉前给料系统运行正常。各个安全检测保护装置投用正常。主要运行参数均在正常范围内。汽水品质合格。各辅机运行正常，轴承温度等参数均达到合格水平。整套启动阶段锅炉最高负荷为 132t/h，平均负荷为 120t/h。

锅炉机组经过分系统试运，机组空负荷调试、带负荷调试、满负荷及（72＋24）h 试运表明，机组能够满发、稳发，已达到设计要求，能够满足长期安全、稳定运行的需求，具备正式移交电厂试生产的条件。

4 生物质锅炉运行

4.1 锅炉点火启动

一、启动前的检查

(1) 燃烧系统的检查。

(2) 汽水系统的检查。

(3) 风烟系统的检查。

(4) 仪表的检查。

(5) 疏水、放水系统的检查。

(6) 燃料（包括燃油）系统的检查。

(7) 灰渣系统的检查。

(8) 炉膛、燃烧室、风烟道的检查。

(9) 膨胀系统的检查。

(10) 阀门、风门、挡板的检查。

(11) 转动机械的检查。

(12) 其他方面的检查（消防、照明、场地、检修工具）。

二、启动前试验

(1) 转动机械试验。

(2) 电动阀门、挡板操作试验。

(3) 漏风试验。

(4) DCS操作系统电动机拉闸、合闸、事故按钮试验。

(5) 炉内动力场、炉排试验。

(6) 锅炉连锁试验。

（7）装置保护—总燃料跳闸（MFT）试验。

（8）锅炉保护试验。

（9）锅炉上水、水压试验。

三、锅炉的冷态滑参数启动

（1）锅炉点火、升压投入油燃烧器、点火。

（2）检查油枪供油压力、回油压力、雾化燃烧正常。

（3）锅炉升温时，应密切监视汽包的温升速率。如果汽包的温升速率超过规定值，降低燃烧。

（4）锅炉起压后，对空排汽开启 1/2 圈。

（5）锅炉压力升至 0.1MPa 时，冲洗就地水位计，联系热工人员冲洗仪表管路。

（6）当锅炉需进水时，启动给水泵并投入给水自动。

（7）当压力升至 0.1～0.2MPa 时，开启主蒸汽电动门旁路门，主蒸汽管道暖管。

（8）当压力升到 0.3、1.0、3.0、4.0MPa 时进行定期排污，在膨胀不正常时，应适当增加排污的次数。

（9）当压力升至 0.3～0.5MPa 时，联系检修人员紧汽包及管道法兰螺栓，此时，应保持蒸汽压力稳定，停止升压。

（10）大修后的锅炉，当压力升到 0.5、2.0、6、9MPa 时，记录膨胀指示值。如发现膨胀不均或汽包上、下壁温差大于 50℃时，应停止升压，进行处理。

（11）当蒸汽压力达到 0.5MPa 时，关闭减温器疏水。

（12）当蒸汽压力达到 0.6MPa 时，通过六个给料机将燃料播散在炉排上。最初的播料量大约为 1200kg，相对应于给料机在 40% 负荷下持续运行 5min。当炉排上燃料层达到足够厚度时，给料机停止运行。

（13）当主蒸汽管道温度达到规定值时，开启主蒸汽电动门，并关闭过热器疏水门。

（14）根据蒸汽温度情况投入减温水。

（15）一次风量和二次风量设定为 30% 负荷值。

（16）当蒸汽压力达到 0.8MPa 时，投入连续排污。

（17）当炉侧主蒸汽温度为 300～350℃、主蒸汽压力为 2.0～2.5MPa 时，向值长汇报达到冲转参数。汽轮机冲转期间锅炉应保持蒸汽参数稳定，冲转前参数以炉侧指示表为准。

（18）当炉排上的燃料开始燃烧时，振动炉排开始以 80% 负荷振动。

（19）当炉排上燃料的燃烧状况良好时，给料机逐个以最小负荷启动。

（20）除尘器入口烟气温度高于 120℃时，开启除尘器入口挡板，关闭旁路。

（21）当烟气冷却器处烟气温度超过 120℃，停止油枪喷油。

（22）发电机并网后，根据负荷情况增加给料机转速和风量。

（23）逐渐关闭对空排汽。

（24）负荷升至 15MW 时，联系汽轮机定压，定压后全面检查一次。

（25）大修后的锅炉，如需进行安全门校验时，应按安全门校验规定进行。

（26）当蒸汽压力已经达到额定值时，可以按允许的增加速率来提高负荷。满负荷后，投入减温水自动、给料自动、引送风机自动。

（27）开启给水至高压空气预热器入口门，投入高压空气预热器及高压烟气冷却器。锅炉滑参数启动参数见表 4-1。

表 4-1   **锅炉滑参数启动参数表**

时间(min)	蒸汽压力(MPa)	蒸汽温度(℃)	转速/负荷
点火前	0	100	0
40	0.1	130	0
30	0.5	250	0
5	1.5	260	0～500r/min
25	2.0	300	500r/min

续表

时间(min)	蒸汽压力(MPa)	蒸汽温度(℃)	转速/负荷
7	2.2	340	500～1200r/min
80	2.4	350	1200r/min
4	2.6	370	1200～2400r/min
30	2.8	380	2400r/min
6	3.0	380	2400～3000r/min
15	3.0	400	并列
5	3.5	420	1MW
5	3.5	420	3MW
20	4.6	460	8MW
20	5.8	480	13MW
30	蒸汽压力、蒸汽温度升至额定值		13～25MW

四、锅炉点火升压注意事项

（1）点火过程中，为了避免金属超温，不允许烟气温度超过钢材的允许温度。应按以下要求操作：锅炉起压，待空气门有汽冒出时，关闭过热器空气门。起压后炉水温度按 100℃/h 均匀上升，当蒸汽压力升至 0.294MPa 时，可随锅炉一起升温、升压。

（2）新炉或大小修后的锅炉从 0 升至 8.82MPa，时间一般不小于 160min，停炉 2 天以内，升压时间可以根据具体情况适当缩短。

（3）在升压过程中应严格控制汽包上、下壁温差不大于 40℃，如果温差有上升趋势，可减缓升压速度并增大排汽量或加强排污，尤其是在 0.98MPa 以内。

（4）升压过程中，高温过热器壁温不超过 455℃。

（5）一般控制：升压速度为 0.03～0.05MPa/min，升温速度为 1～2℃/min。

（6）在升压过程中如因在某升压阶段内，未能达到预定蒸汽压力时，不得关小排汽或多投燃料强化锅炉燃烧升压。

（7）如点不着火或燃烧不稳定时，应停炉、进行炉膛通风。

（8）在升压过程中应加强锅炉各受热、受压部件膨胀情况的监视，发现异常及时查明原因，必要时停止升压，待消除故障后再继续升压。

（9）升压过程中，应加强对炉膛温度及水位监视。

4.2　生物质锅炉正常运行调整

一、锅炉运行调整的任务

（1）使锅炉蒸发量能满足外界需要。

（2）均衡给水并保持水位正常。

（3）保持正常的蒸汽温度、蒸汽压力。

（4）保证炉水与蒸汽品质合格。

（5）注意经济燃烧。

二、锅炉水位调整

（1）锅炉给水应均匀，水位应保持在 0 位，正常波动范围为 $\pm20\text{mm}$，最大不超过 $\pm50\text{mm}$。在正常运行中，不允许中断锅炉给水。

（2）正常运行时，锅炉水位应以汽包就地水位计为准，汽包水位计应清晰、无杂物，照明充足，无漏汽、漏水现象。水位线应轻微波动，若水位不波动或云母片模糊不清时，应及时冲洗。

（3）当给水自动投入时，应经常监视给水自动的工作情况及锅炉水位的变化，保持给水量变化平稳，避免调整幅度过大，并经常对照蒸汽流量与给水流量是否相符。若给水自动失灵，应立即将解列自动改为手动调整水位，并通知热工人员处理。

（4）在运行中，应经常监视给水压力和给水温度的变化，若给水压力低于 12.5MPa、给水温度低于 210℃时，应联系汽轮机人员，恢复给水压力和给水温度。若给水压力不能恢复时，应报告值长，减少负荷，以维持锅炉水位。

（5）各水位表计必须指示正确，并有两块以上水位表投入运行。每班应与就地水位校对两次，若水位不一致，应验证汽包水位计的指示正确性（必要时还应冲洗）。若水位表指示不正确，应通知热工人员处理。

（6）汽包水位高低报警信号应可靠，并定期进行校验。

（7）锅炉在负荷、蒸汽压力、给水压力发生变化和排污时，应加强对水位的监视与调整，防止缺水、满水。

（8）锅炉定期排污时，应保持燃烧稳定，避免大幅度波动，每循环回路的排污持续时间为排污门全开后，不超过 0.5min。不准同时开启两个以上的排污门。

（9）锅炉点火初期，水位表指示不正确，应加强监视汽包水位的变化。在事故情况下，应加强对水位的监视与调整。

（10）在正常运行中，应定期冲洗汽包水位计。每班校对水位两次。

锅炉水位自动不能随便解列，三冲量的给水自动，在锅炉异常（如甩负荷）时，调整门开度不变，锅炉事故处理时，根据事故的原因，解列给水自动。在负荷变化大，给水泵启停及其他异常出现时，要密切注意水位，及时调整，防止锅炉缺水、满水事故的发生。

三、锅炉缺水、满水的影响

1. 锅炉缺水

（1）轻微缺水，可能会使过热器温度升高，使过热器管壁超温，造成过热器出口蒸汽温度过高，影响管道和汽轮机的使用寿命。

（2）严重缺水会使水循环破坏，受热面过热爆破。

2. 锅炉满水

（1）锅炉轻微满水，可能使过热器湿度变大，蒸汽温度下降，造成管道和汽轮机脆性变化、汽轮机振动。

（2）锅炉严重满水，处理不及时，可能使汽轮机发生飞车。

四、锅炉蒸汽温度调整及影响蒸汽温度变化的原因

（一）蒸汽温度的调整

（1）锅炉在正常运行中，应保持过热蒸汽额定温度运行。

（2）在正常运行中，应严格监视和调整蒸汽温度的变化，并监视各级过热器的壁温和蒸汽温度的变化情况，及时进行调整。

（3）稳定蒸汽温度首先从稳定燃烧及稳定蒸汽压力着手，特别是在减温水没有裕度或减温水没有投入的情况下，更应注意燃烧及蒸汽压力的稳定。

（4）当负荷变化及投入和停止给料机时，必须注意蒸汽温度的变化和调整。

（5）调整减温水时，应缓慢平稳，避免大幅度的调整。减温器的使用应合理，应以二级为主，一、三级为辅。若投入一、二级减温器时，严格监视减温器出口蒸汽温度，应高于该压力下的饱和温度，并有一定的过热度，同级过热器管壁之间的温差不应超过30℃。

（6）负荷在70%～100%范围内，蒸汽温度应保持额定值；当负荷为40%～70%时，蒸汽温度值可按滑参数停炉曲线中相对应压力、负荷进行控制。

（7）蒸汽温度的变化是与蒸汽压力、负荷的变化密切相关的，因此当燃烧、负荷、蒸汽压力变化时应作出蒸汽温度变化趋势的判断，及时调整减温水量。

（8）在负荷高、蒸汽温度低时，尤应注意蒸汽温度的变化，严防蒸汽带水。如蒸汽温度调整无效时，可将蒸汽压力保持低一些，以使蒸汽温度、蒸汽压力相对应，仍低时，应报告值长，降低机组负荷。

（9）应加强对水位的监视，保持汽包水位稳定。在给水压力变化时，应加强对水位监视与调整。

（10）加强对受热面的吹灰工作，保持受热面清洁。

（二）调整手段

锅炉蒸汽温度调整一般有三种手段。

（1）用减温水调整。就是利用改变减温水门开度，增、减减温水流量的方法，改变过热蒸汽的干、湿度，达到保持蒸汽温度的目的。

（2）用燃烧调整。就是利用改变物料的进入量，改变一、二次风的比例，或者改变总风量的办法，以改变燃烧强度和火焰长度，增加或减少过热器热交换量，改变蒸汽焓值，达到改变蒸汽温度的目的。

（3）改变给水温度、减温水温度。利用启、停高温加热器，开关高/低空气预热器、高/低烟气冷却器调整门改变给水温度的办法，以改变受热面的热交换，达到改变蒸汽温度的目的。

（三）蒸汽温度高低的影响

1. 蒸汽温度过高

蒸汽温度过高将引起过热器、蒸汽管道以及汽轮机汽缸、转子部分的金属的强度降低，蠕变速度加快，特别是承压部件的热应力增加，当超温严重时，将造成金属管壁的胀粗和爆破，缩短使用寿命。

2. 蒸汽温度过低

（1）蒸汽温度过低将增加汽轮机的汽耗，降低机组的经济性。

（2）蒸汽温度过低时，将使汽轮机的末级叶片湿度增大，加速对叶片的水蚀，严重时可能产生水冲击，威胁汽轮机的安全。

（3）蒸汽温度过低时，将使汽轮机缸体上、下壁温差增大，产生较大的热应力，使汽轮机的胀差增大，危害汽轮机的正常运行。

（四）影响蒸汽温度变化的因素

（1）锅炉燃烧不稳或运行工况变化时。

（2）锅炉打焦、吹灰时。

（3）给水温度变化大，尤其是高压加热器投、停时。

（4）增减负荷及水位变化过大时。

（5）投、停给料机或给料不均时。

（6）燃料性质发生变化时。

（7）锅炉发生事故时。

（8）锅炉机组大量漏风时。

（9）受热面结焦，积灰严重时。

（10）炉排振动时。

五、锅炉的蒸汽压力、燃烧调整

1. 蒸汽压力的调整

（1）加强各专业联系，保持负荷稳定。蒸汽压力的调整要有预见性，根据蒸汽压力的增、减速度调整蒸汽压力的幅度。

（2）经常注意给料机电流及脉冲阀转速的变化和炉排燃烧情况，及时发现并处理给料机堵塞情况。

（3）吹灰、打焦时应注意蒸汽压力的变化，并及时调整。

（4）当负荷变化或主蒸汽压力力变化时，尽量少采用启、停给料机的方法来调整压力，应采用调整给料机转速的方法。

（5）应做到勤调、少调，风与燃料的增减不可过多，应缓慢进行，以免影响燃烧工况。

（6）压力自动调节器的投入。应根据燃烧和蒸汽温度情况投入给料自动、炉排振动自动，并应经常监视自动的工作情况，自动失灵或调整不及时时，应改为手动调整，并通知热工值班人员进行处理。

2. 锅炉燃烧调整

（1）锅炉正常运行中，给料机应尽量全部投入，用风应均匀，火焰不应偏斜，火焰峰面应位于炉排中部。

（2）锅炉正常运行中，炉膛负压应保持 $-30\sim-50\mathrm{Pa}$ 运行。

（3）炉内燃烧工况应正常，各级二次风调整应合理，使燃料燃烧完全、稳定。炉内火焰应呈光亮的金黄色，排烟呈灰白色。

（4）风与燃料配比应合理，一、二次风的使用应适当。氧量应保持在 3%～5%，最大不超过 6%。

（5）保持给料系统运行稳定，燃料性质应稳定，如燃料性质发生变化时，及时报告，针对燃料进行在燃烧中调整。

（6）在启、停给料机及锅炉吹灰时，应加强监视炉膛负压的变化，如发现燃烧不稳时，应停止上述操作。

（7）对锅炉燃烧应做到勤看火、勤调整，监视炉膛负压及火焰监视器的变化情况，经常观察火焰电视。

（8）炉排燃烧时必须定期监视，这样才能够完全掌握炉排和灰渣出口区域燃料的燃烧状况。

（9）如果炉排上的燃料过少，会使着火不稳定，而且可能导致结焦，阻碍燃料的燃烧。

（10）如果炉排上的燃料过多，燃料燃烧不完全，在炉排振动过程中会使炉膛燃烧紊乱。

（11）当炉排振动幅度过大，一些燃料来不及燃烧就会排入落渣口，增加了锅炉机械不完全燃烧，降低了锅炉的整体热效率。

（12）如果炉排中、上部的空气量过大，炉排上的火焰就会抬高。火焰应集中在炉排中部和下部之间，在炉排的顶部（0.5m）看不到或只能看到一点火焰。

（13）烟气中氧量过高，表明给料过少或振动幅度太大。

（14）炉排振动周期运行，当炉排振动时，炉排上的燃料被搅动，释放出大量的气体，使炉内燃烧加强，造成锅炉压力升高，负荷增加，并导致炉内空气量减少，一氧化碳的排放量增加，所以在炉排振动时，应特别注意，炉排振动前应对风量做如下调整：

1）保持总风量不变，只改变总风量分配。

2）在炉排振动前减少一次风量。

3）增加二次风量。

4）在炉排振动结束后，逐渐改变风量分配，使风量返回正常。

(15) 要适当控制炉前播料风的压力，当播料风压力过高时，燃料投入时分布会很长，甚至分布在炉排上超过 75％ 的地方，燃烧就不会均匀。燃料投入的长度依靠播料风的压力来调节，其分布依靠空气阀门来调节。

播料风压热态时应在冷态试验的基础上增加 0.5kPa。

(16) 锅炉在不超过设计流量和温度下运行，由汽轮机控制锅炉出口压力，锅炉的最小运行负荷为 40％。

(17) 燃烧调整过程中，严禁两侧烟气温差大于 30℃。

(18) 运行中，如锅炉灭火，应严格按照灭火事故进行处理。

(19) 监盘要集中，特别是在启/停炉、负荷偏低、负荷变动较大、燃料较差、燃烧不稳时更应严密监视燃烧工况的变化。采用正确方法判断灭火与锅炉塌灰、掉焦现象的区别，防止误判断而扩大事故。

(20) 油枪运行中，加强对油枪及油系统检查，有漏油现象时应及时联系检修人员来消除。

锅炉燃烧调整是一项经常性、重要性的工作。生物质电厂的效率都在燃烧调整上，国内的生物质电厂锅炉，至今还未形成一套像煤粉锅炉那样完整的、可靠实用的燃烧技术。因此，要花大气力深入研究。

生物质锅炉燃烧，不像煤粉炉那样有一个稳定的火焰中心，最高温度区域就在炉排中心向上 1～2m 的地方，这是因为生物质燃料挥发分大，容易着火，含碳量低、燃烧时间短的缘故。因此，生物质锅炉很难像煤粉锅炉那样，有 1300℃ 的炉膛温度。除了极少区域处于燃烧扩散区，大多燃烧属于动力燃烧（也就是燃烧速度不够快）。并且当燃料、风量变化时，燃烧温度场变化极快，燃烧旺盛时炉膛温度急速上升，燃烧不良时炉膛温度快速下降。

由于生物质燃烧区域狭窄，燃烧时间不够，造成烟气中含灰量相当大，受热面磨损相当严重。烟气灰尘中的氯碱极易浮着在过热器表面，造成高温腐蚀。烟气中携带的大量飞灰，加重了除尘器的负担。

由于燃料水分含量大和燃烧调整缺少经验，国内任何生物质电厂的烟气排放量，都远远大于设计值。由于排出的飞灰量大、烟气量大，大多生物质电厂引风机运行的寿命都不长。

由于燃料含水、含灰土量大，许多生物质电厂给料机磨损加速。

4.3   生物质锅炉停炉和保养

一、停炉前的准备

（1）接到调度命令后，值长应提前将停炉时间通知相关各专业。

（2）停炉前将锅炉存在设备缺陷记录清楚。

（3）锅炉大修或长期备用，停炉前应将料仓的燃料烧完。

（4）若停炉备用，停炉前可适当储存部分燃料，以备点火时用，但一般保持低料位。

（5）停炉前，冲洗水位计一次，并校对各水位表指示正确。

（6）停炉前应通知热工人员解除水位保护，解除汽轮机跳闸保护。

（7）停炉前进行彻底吹灰一次。

二、正常停炉

（1）锅炉采用正常定压停炉时，从满负荷至停炉需要 1h，其降温速度为 1℃/min。

（2）停炉前，根据料位情况，提前停止供料系统。

（3）报告值长，减少负荷，根据负荷情况，逐渐减少给料机出力或适当停止给料机。同时减少送风量，维持燃烧稳定。

（4）当负荷减至 60% 以下时，根据蒸汽温度关小或解列减温器。解列给水自动，手动控制水位正常；解列锅炉主控自动、解列负荷自动、解列送风自动、手动降低负荷。

（5）当负荷降至 40% 以下时，应加快减负荷速度，尽量减少低负荷不稳定时间。

（6）当缓冲料仓料位降至低料位以下时，就地确认给料机不再进料时停止螺旋收集机、关闭给料机出口止回门、气动插板门。及时调整并关小前、后墙二次风门，减少炉内风量。稳定燃烧，维持炉膛压力，维持氧量不超过 6%。

（7）当给料机全部停止后，停止两台播料风脉冲阀电动机，关闭播料风调整挡板。

（8）负荷减至零，发电机解列，汽轮机打闸。开启对空排汽门，控制主蒸汽压力。

（9）炉排上燃料完全燃尽后，锅炉熄火，停止送风机，维持炉膛负压为 $-40 \sim -60Pa$，通风 $5 \sim 10min$，停止引风机，解列总连锁开关。

（10）根据蒸汽压力关闭对空排汽门，关闭锅炉加药、取样、连排门，保持水位为 $+200mm$，关闭给水门，开启省煤器再循环门。

（11）炉排上灰渣全部清空后，停止炉排振动电动机。

（12）关闭除尘器挡板及旁路挡板，停止除尘器运行，停止除尘器除灰系统。

（13）灰斗灰渣全部清空后，停止捞渣机运行。

（14）停止低压循环回路运行。

（15）停炉后，上水至 $+200mm$，停止上水，关闭进水门。开启省煤器再循环门。当水位降至 $-100mm$，补水至正常水位。

（16）停炉备用时应将所有风门、挡板及各人孔门、手孔门关闭严密，不进行通风冷却工作。

（17）停炉后，放空过热器、预除尘器和布袋除尘器灰斗内的灰。

（18）生物质锅炉停炉时一定要烧空上料系统的存料，清空炉排上面的炉渣，防止上料系统着火，这也是区别于煤粉锅炉的一个特点。

三、停炉后的冷却、保养

1. 停炉后的降压冷却

（1）当锅炉还有压力，各辅机电源未断电时，各测量仪表及远方操作机构的电源均应投入，并有专人监视。

（2）若料仓内仍剩余部分燃料时，应注意监视料仓温度；当料仓温度不正常升高时，应根据升温情况及时注入消防水。

（3）停炉 10h 以内，应关闭所有人孔门、看火孔、检查孔及各烟道挡板，以免锅炉急剧冷却。

（4）停炉 10h 后，开启除渣门、烟/风挡板进行自然通风。

（5）停炉 16～18h，若需加速冷却，可启动引风机，打开各人孔门、检查孔、看火孔，进行通风。

（6）在冷却过程中，应严格监视汽包壁温差不得超过 40℃，否则，应采取必要措施，延长冷却、降压时间。

（7）当压力降至 0.1～0.2MPa 时，开启锅炉空气门及对空排汽门。

（8）当压力降至 0.1MPa、汽包水侧温度低于 130℃时，可将炉水全部放掉。

（9）当锅炉热备用时，应紧闭所有人孔门及挡板，尽量减少蒸汽压力的下降。

（10）当锅炉有缺陷，需加速冷却时，应由生产副总批准。

2. 停炉后的保护

（1）干保护法（余热烘干法）。适用于长期备用的锅炉，锅炉机组按滑参数停炉曲线降温降压。待锅炉熄火，汽轮机停机后，蒸汽压力逐渐降至 0.5～0.8MPa 时，全开锅炉定期排污门、省煤器放水门、所有疏水门；待汽包压力降至 0.1～0.2MPa 时，开启所有空气门，严密关闭锅炉所有孔、门、风挡板，利用炉膛的余热将受热面内壁烘干。

（2）湿保护法。适用于短期停炉。锅炉充水，保持较高的汽包水位，利用给水压力保持水循环。在锅炉降压过程中，严格控制汽包壁温差不超过 40℃。

3. 停炉后的防冻

冬季停炉后，对于室外设备或温度在 0℃以下时，必须对设备做好防冻工作，以免冻坏设备。为防止停用的锅炉设备及露天设备结冰应采取以下措施：

（1）关闭锅炉房的门窗，并加强室内的取暖，维持室温经常在 10℃以上。

（2）锅炉备用时各孔门及挡板应严密关闭，锅炉检修时应有防止寒风侵入的措施。

（3）如炉内有水，当炉水温度低于 10℃时，应进行上水与放水，必要时，可将炉水全部放掉。

（4）锅炉检修或长期备用，为防止热工仪表管有冻结，应通知热工人员将管内积水放净或增加蒸汽伴热装置；运行中锅炉仪表管在室外时，应加装蒸汽伴热装置。

（5）轴承冷却水保持畅通或将轴承及冷却水管中的积水排净。

5 生物质锅炉燃烧实用技术案例

5.1 生物质锅炉燃烧探讨

生物质锅炉燃烧技术，从国外引进后，还没有形成一套完整的、具有说服力、区别于煤粉锅炉、被国内承认的权威技术。一种新能源燃烧技术的形成，不但要源于燃烧理论，而且需要实践的长期检验。

一、生物质锅炉的高效燃烧

生物质燃料在炉排风和二次风之间、在炉内高温烟气的强烈扰动和炉排风的播火作用下，迅速生成大量的还原性气氛，并且放出满足负荷的热量。

生物质锅炉高效燃烧形成的条件如下：

（1）炉排孔眼畅通、倾角合理，停止间隔、振动频率和振动时间适当。

（2）一次风穿透燃料，底火风充足，呈微沸腾状。

（3）二次风倾角合理，并足以压制火焰的上窜。

（4）合适的氧量为 $3\% \sim 6\%$，秸秆燃料含碳量低、挥发分大、灰分大、燃料空隙率大、燃尽时间长，需要富氧燃烧。

（5）根据燃料干燥程度使用点火风，尽量提高燃料预热温度，形成炉排高端着火。

（6）足够高的炉膛温度，一般情况下炉膛温度在 $800\,℃$ 以上就能建立连续的高强燃烧。

（7）燃料水分保持在 20% 以下，降低着火温度。

（8）燃料灰分保持在 20％以下，提高燃尽程度。

（9）燃料在炉排上分布呈中间高、两侧低状态，且厚度合适。

（10）燃料尽量细碎，粒度合适，保持与氧的良好结合面。

（11）保持连续进料、防止断料。

（12）一、二次风比例为 3∶7 或 4∶6，根据不同料种选择风率，使风率适合燃料的燃烧。

（13）二次风及时进入，搅拌炉内气体使之混合，使炉内烟气产生旋涡，延长悬浮的飞灰及飞灰可燃物在炉内的行程，使飞灰及飞灰可燃物进一步降低。

二、强化生物质燃料和高温烟气的对流换热

生物质燃料颗粒从加热分解到着火的时间，以高温烟气的回流速度为依据。燃料越细碎加热的时间越短，与氧的接触面越大，着火和燃烧越快。颗粒大的燃料在炉排上燃烧，在气力传播的过程中，颗粒小的燃料在炉排上部悬浮燃烧。炉膛分成不同温度的燃烧区域，呈减弱的趋势运动。

（一）燃料高效燃烧技术

（1）一次风以穿透燃料为宜。根据料层厚度，燃料种类和燃料品质调整。单位质量大的如玉米秸秆、木片，一次风稍大一点；单位质量小的如稻壳，一次风可以小一点。燃料含水量越大、一次风使用越大。

（2）炉膛高温烟气回流，二次风尽量大，以压制火焰，并产生剧烈的翻转、卷吸作用，形成脉动的气-固两相流结构，强化燃料与烟气的强烈混合。

（3）用不对称的射流（如一、二次风风速、风量的不对等），强化燃料颗粒与烟气的强烈混合。

（4）制造高浓度的着火温度场，降低着火温度，缩短着火时间。制造还原性气氛在炉内的停留时间。如果二次风口下高浓度的稳定燃烧需要的是时间，那么二次风口以上的不稳定燃烧需要的就是温度。如果炉排中端属于过渡燃烧，需要的是氧；那么炉排低端就是动力燃烧，需要的就是温度。

（5）强化燃烧的初始阶段，当燃料进入炉膛内时，在高温烟气的作用下，挥发分很快释出，固定碳也烧掉大半；如果燃料在炉内停留时间为2s，那么初始阶段用了20％的时间，就会烧去燃料80％的含碳量。所以，一定要造成一个炉内高效的火焰中心，保持燃烧速度。

（二）高效燃烧的三强理论

1. 强化燃烧的初始阶段

（1）燃料进入炉膛首先是干燥、吸热过程，然后是燃料的热解挥发分释出，此时要保障燃料干燥度和均匀性，保持较高的炉膛温度和空气预热器出口温度，点火风一般不要开启过大。

（2）燃料着火。挥发分在燃点温度下持续不断地发出明亮的火光，在此温度下化学反应速率高到足以保证急速升温、保证燃料着火到高强燃烧的速率。

（3）燃烧阶段。燃料与氧在足够高的温度下结合，进行强烈的氧化还原反应。此时的燃烧速度极快。80％碳性活化物质的燃尽在这个阶段完成。发生的区域在炉排的中前位置，需要大量的风量助燃。称此为受热面辐射区的核心燃烧。

（4）燃尽阶段。二次风口以上、三级过热器以前。利用炉膛的长度，使20％的可燃物质在对流区域继续燃烧，以致燃尽。

2. 强化高温烟气和燃料的对流换热

（1）如果炉膛核心区温度为1000℃，那么二次风口以上就迅速地衰减为800℃以下。一是水冷壁的吸热，二是火焰的刚性降低，三是二次风的降温作用，四是漏风及其他原因。

（2）燃料的均匀性、细碎度，要保障与氧的大面积迅速接触，以保障化学反应速率，着火时间是正比于颗粒度的，浅层着火由轻质燃料开始，并迅速过渡到硬质燃料，建立起核心燃烧氛围。

（3）一次风足以保证燃料的脉动、干燥和气化、二次风迅速地迎火进入，形成一个稳定的热通量区域，构建良好的燃烧工况。

（4）热力温度越高、氧量越及时足量混入，燃烧速度就越快，就会形成炉内的高温扩散燃烧。

3. 强化燃料燃烧时还原气氛的高浓度聚集

（1）生物质燃烧热解气化生成了一氧化碳、氮氧化合物。这些可燃的化学气体要保持高浓度，温度越高气体活化分解越快，燃烧就越完全。燃料气流浓度决定了颗粒相互作用，浓度效应在着火过程中起主要作用。燃料浓缩气氛能够降低着火温度为250℃。

（2）用二次风和燃尽风，将这些还原性气体聚集在一个高温区域，迅速燃烧。燃料燃烧，即加热、分解、游离、聚集、烧透，是一个质量传递的过程，一般在2s内结束。

（3）热量和燃烧速度是一个热力平衡的关系，可以称为生物质燃烧的热力特性。一般用实验室强烈搅拌模型说明。

三、生物质燃料特性

1. 锅炉燃料特性

锅炉燃料特性见表 5-1。

表 5-1　　　　　　　　锅炉燃料特性

燃料种类	含碳量	含氢量	含氧量	含氮量	含硫量	灰分	水分	挥发分	高位发热量
	$C(\%)$	$H(\%)$	$O(\%)$	$H(\%)$	$S(\%)$	$A(\%)$	$W(\%)$	$V(\%)$	$Q_{gy,V}$ (kJ/kg)
玉米秸秆	49.91	6	42.89	1.09	0.12	8.36	5.5	79.33	19.75
小麦秸秆	49.41	6.05	43.98	0.42	0.13	5.4	4.09	80.72	19.71

2. 灰成分分析

灰成分分析见表 5-2。

表 5-2　　　　　　　　灰成分分析

名称	符号	单位	玉米秸秆（设计值）	小麦秸秆（设计值）
二氧化硅	SiO_2	%	63.48	61.62
氧化铝	Al_2O_3	%	6.75	3.19
氧化铁	Fe_2O_3	%	2.79	1.36

名称	符号	单位	玉米秸秆（设计值）	小麦秸秆（设计值）
氧化钙	CaO	％	6.9	6.90
氧化镁 Aa$_2$O	MgO	％	3.32	2.22
氧化钛	TiO$_2$	％	0.39	0.14
氧化硫	SO$_3$	％	1.15	3.15
氧化磷	P$_2$O$_5$	％	1.76	1.48
氧化钾	K$_2$O	％	9.22	15.84
氧化钠	Na$_2$O	％	0.99	0.91

3. 灰融性分析值及设计值

灰融性分析值及设计值见表 5-3。

表 5-3 **灰融性分析值及设计值**

名称	符号	单位	玉米秸秆	小麦秸秆
变形温度	DT	℃	1070（设计值）	950（设计值）

4. 生物质的燃烧反应速度

燃料燃烧的快慢用燃烧反应速度表示，概念上区分如下：

（1）动力燃烧区。燃烧速度基本取决于化学反应能力，与燃烧温度、燃料性质的关系很大，而和气流的相对速度关系不大。生物质电厂的炉排低端燃烧属于动力燃烧，即炉膛温度不高。燃料水分和灰分大时，炉排高端预热时间长，分解形成的气化产物燃烧滞后，固定碳形不成燃烧，造成燃烧速率下降，燃烧热损失增加。

（2）扩散燃烧区。发生在燃烧温度很高、反应速度极大时的工况，由于反应异常迅速，氧的输送能力相对于化学反应能力太弱，以至反应表面处氧浓度几乎为零，能否将大量氧送到碳表面成为控制条件，这时燃烧速度主要取决于空气的输入，而与燃料性质、温度关系不大。

生物质锅炉，此区域仅仅发生在炉排与二次风口以下，扩散燃烧现象在炉排振动时尤为明显。

四、生物质锅炉燃烧的一般调整原则

（1）保证燃料连续投入，燃料要保证干燥、细碎。

（2）保证设备的良好使用率，炉膛不漏风、炉排振动频率适当，根据负荷大小调整振动频率。各受热面无积灰、结焦。

（3）保持炉膛微负压运行，一般为 $-50Pa$。这是生物质锅炉的特性，以防止锅炉回火烧坏设备。

（4）保证一次风吹动燃料，以 26MW 负荷为例，炉排高端挡板开度为 50%、炉排中端挡板开度为 60%，炉排低端挡板开度为 30%。一次风的使用以炉排燃料呈微沸腾状，捞渣机无生料排出。

（5）标定一、二次风量、风速。一、二次风比例外国引进技术为 3∶7。由于国内燃料灰分大、水分大，为了保持足够的蓄热能力，保持燃尽程度，一次风使用都偏大，风率一般为 5∶5 或 6∶4；有的电厂是 7∶3 或 8∶2。这个问题需要深入研究，找出一个适应国情的燃烧风率。

（6）保持足够的送风量，氧量要大于煤粉炉，一般 3%～5% 为宜。

（7）尽量多使用二次风，负荷越高越要多用风。以 26MW 负荷为例，前墙挡板开度为 40% 以上、后墙挡板开度为 60% 以上。二次风是燃料燃烧时氧的主要来源，在二次风口处形成强烈的扰动，压制火焰的上窜，增加燃烧时间，提高燃烧程度（前墙二次风也有均匀分布燃料的作用）。

（8）燃尽风一般在 40% 以下。主要是给上部未燃尽的颗粒气氛补充氧量，同时起到降低氮氧化物的作用。燃尽风以后就是锅炉的低温动力燃烧形式了。

（9）硬质燃料如木块、树皮，多用一次风；轻质燃料如稻壳、锯末多用燃尽风。

（10）增、减负荷要缓慢，燃烧要保持稳定，忌讳大加、大减。加负荷先加风、后加燃料，减负荷先减燃料、再减风。

（11）炉排振动是一个剧烈的燃料搅动、火焰和热烟气剧烈滚动再次混合的过程，一般采用长间隔、短振方式，避免炉膛产生剧烈扰动。

（12）养成人孔门看火的习惯，看燃烧的颜色、充满度、火焰穿透卷吸状，听燃烧的雄迈、清纯声。感觉火焰对炉墙的辐射力。

（13）因为秸秆燃料的灰熔点低，要做好锅炉吹灰工作，保证受热面无积灰、结焦，防止高、低温腐蚀的产生。

（14）保证输灰系统的正常，无堵灰、无漏风、无负压回流。可以将预除尘器排灰改造为机械形式。国内生物质锅炉由于燃料灰分大、水分大，烟气量和烟气携灰量远远超过了国外标准，形成了排烟热损失和机械磨损两大难题，需要深入研究。

五、锅炉经济指标控制

（1）蒸汽温度。以 540℃ 蒸汽为例，每降低 10℃ 发电燃料单耗上升 0.897g/kWh。

（2）蒸汽压力。以 9.2MPa 蒸汽为例，每降低 0.1MPa 发电燃料单耗上升 2.144g/kWh。

（3）排烟温度。以 130℃ 排烟温度为例，每升高 10℃ 发电燃料单耗增加 4.39g/kWh，锅炉效率下降 0.553%。

（4）氧量。以 6% 为例，每上升 1%，发电燃料单耗上升 1.157g/kWh，锅炉效率下降 0.353%。

（5）给水温度。以 220℃ 为例，每下降 10℃，发电燃料单耗上升 1.13g/kWh。

（6）燃料水分。大于 42%，在燃料收购价格为 250 元/t 时，电厂没有赢利。

（7）机械不完全燃烧热损失（炉渣）不大于 8%。

（8）化学不完全燃烧燃损失（飞灰）不大于 6%。

（9）锅炉漏风率不大于 4%。

（10）锅炉飞灰上升 1%，锅炉效率下降 0.311%。

（11）锅炉效率上升 1％，发电质耗下降 3.981g/kWh。

生物质锅炉燃烧作为国家新的技术课题，还有待深入研究。锅炉燃烧技术是在长期工作实践中总结出的经验，值得借鉴。

5.2　锅炉不能满负荷运行的原因分析

30MW 灰秆锅炉长期带不满负荷，维持在 25MW 左右，严重影响了经济效率。

一、锅炉燃烧的现状分析

（1）氧量。引风机达到最大出力，送风机出力受到限制。20MW 负荷时，氧量为 2％。送风机出口压力为 6.2kPa，锅炉冒正压。这样的风量使锅炉燃烧调整失去了手段，不能保证燃烧的充分性；机械和化学不完全燃烧热损失增加。

（2）燃料水分。51％的水分使炉膛内的水蒸气膨胀，降低了炉膛温度，破坏了炉内温度场，使锅炉带负荷能力降低，形成的大量水雾蒸汽，使烟气中的灰分湿度加大、烟道阻力增加、烟气流速加快、烟气携灰量增加，又加重了引风机的磨损，致引风机功率最大。

（3）燃烧根据负荷调整难以实现，带到 25MW 负荷时，一、二次风由于引风机的限制无法增加，不能满足燃烧热强度所需要的氧量，不能实现锅炉的高效燃烧。燃烧中心形不成，炉内温度场不能形成层次。大量的携灰烟气形成烟道阻力，流通锅炉受热面时，又会积聚在过热器处，不但降低了换热系数，而且又形成了新一层的烟气阻力，进一步加重了引风机负担，维持炉膛负压只能再次减少一、二次风的用量，锅炉缺氧进一步加剧。无法形成高强燃烧，无法生成容积热负荷，抑制了锅炉负荷。

（4）炉排厚度。接带高负荷时，由于炉内燃烧时间不够，燃料不能烧透，堆积的未燃烧产物黏附在炉排上，缺少氧量，容易结渣，部分生料排入渣池，增加了标秆单耗。

（5）因为总风量不能增加，一、二次风受到了限制，缺少了良好的配比，增加二次风，就意味着减少了一次风，造成一次风不能穿透燃烧的燃料，增加一次风，二次风就不能压制、搅拌火焰，形不成强力燃烧，带不上负荷，无法构建合理的燃烧结构。

（6）烟气中水蒸气太多，其中的酸性物质可能对烟气冷却器、空气预热器造腐蚀，缩短设备寿命。

（7）播料风由于燃料水分太大，播料器抛物线不能形成，大量燃料成堆聚集，不能均匀布料，炉排振动也无法将团聚的燃料分散。燃烧时缺失了氧气对流、燃烧颗粒碰撞的作用。

（8）燃烧中含杂质太多，灰土量占到了 40％以上，这样的燃料进入炉膛不但使燃烧减弱，而且游移在炉膛和烟道里的灰粒在高速烟气的作用下，积累到除尘器。除尘器不能负担如此大的灰量，加速了布袋的破损、造成了黏糊；进一步加剧了除尘器两端压差，迫使引风机加大功率，又反过来提高了烟速，改变了燃烧工况。

由于灰量太大，该电厂在预除尘器下面加装了机械放灰装置。

二、燃烧调整

锅炉调整前进行了全面、彻底的吹灰，以减小尾部烟道的阻力和增大热交换。

（1）根据燃料水分大的特点，将高端一次风控制到 5.2kPa，以利于保障该区域的温度。将播料风由 5.8kPa 减少到 4.8kPa，将燃烧高温区域引到炉排中端。将前、后墙上层二次风由 0.6kPa 提高到 1.05kPa，用于压制火焰，建立二次风口下的火焰中心，提高炉膛温度，延缓燃烧时间，降低不完全燃烧热损失，利用有限的风量尽量造成稳定的锅炉燃烧。

（2）根据炉排上面料层厚，含有焦渣、石块的特点，将炉排振动由间隔 500s、振动 11s，改为间隔 400s、振动 11s。

（3）将除尘器下部开口的事故放灰阀封闭，堵住一次风高、中、低端人孔门漏风，全面检查锅炉漏风，提高锅炉效率。

经过以上调整，锅炉负荷在燃料量一定时，由 22MW 上升到 27MW，最大时到了 29MW。经过 24h 的运行考验，负荷率由以往的 21MW，稳定在 25MW。由此证明了锅炉燃烧调整的思路是正确的。

5.3 锅炉不完全燃烧的处理意见

30MW 灰秆生物质锅炉长期以来燃烧不完全，灰渣含碳量高，锅炉效率在 85% 以下。

一、存在的问题

（1）锅炉燃烧不完全、燃烧结构不合理、烟气携灰量大。

（2）除尘器输灰管排灰设计能力不够，经常发生堵灰现象。

二、问题的分析与处理

（一）对锅炉燃烧的问题

1. 分析

（1）通过两侧看火门，看不到火焰（大约 1.5m 的料层）。这样的料层厚度，一次风无法穿透，形不成浮动的燃烧结构。

（2）布料的不均匀，造成燃烧分层，大量死灰和焦渣积留在炉排上面。燃料在灰渣上面表层燃烧。

（3）燃料与氧无法充分混合，在高端区域只能形成挥发性的还原气体，而看不到明火。燃烧风量在一定值时，燃烧越是强烈，氧量值显示就越小，带负荷能力就越强，DCS 显示的 6% 的氧量只是燃烧弱化的表现，没能建立起强烈燃烧，燃烧停留在一个层面上，吸收着炉膛间的可用氧，不是氧与燃料在燃烧时的强烈扰动，锅炉属于浅层燃烧的工况。

（4）燃烧最高温度区域，在炉排的中后部，因为料层厚度和分层的原因，振动炉排时，易带走生料。为了不流失生料，人为地减小炉排振动，又使扰动减少、料层加厚、结焦加剧。

（5）总风量、二次风量偏小。在二次风口下面形不成强烈的扰动，燃料在炉内停留时间不够，燃烧程度下降，排烟温度升高，不完全燃烧热损失增加。

（6）由于风和燃料配比不好，辐射燃烧温度场，不能衡定在二次风口下面，炉膛温度不够，大量含尘烟气上移，烟气携灰量急剧增加，加剧了除尘器的负担，使得除尘器布袋灰层太厚，阻力增加，在喷吹的力度下造成布袋毁坏。

2. 处理

（1）锅炉燃烧，就像一个下面充满了惰性灰渣的大火炉。只有将这些灰渣排出，新的燃料在一次风的穿透、二次风的强力扰动、炉排的合理投入下，才可以形成良好的燃烧。

1）将负荷减到 10MW 以下，利用振动炉排和点火风的动力将灰渣逐步清除。

2）送风机出口风压一般在 5kPa 以上，一次风高端挡板开度为 50% 以上、中端挡板开度为 60% 以上、低端挡板开度为 30% 以上。二次风前墙挡板开度为 40% 以上、后墙挡板开度为 60% 以上。根据燃料种类区别用风。

（2）炉排振动一般间隔时间为 360s、振动时间为 8s。投入自动，根据料种、燃料厚度、锅炉负荷进行调整，不能长时间停用炉排。

（3）养成看火的习惯，根据火焰颜色、充满度、卷吸回流、分布状况调整燃烧。

（二）除尘器的问题

1. 分析

（1）布袋除尘器除尘效果不好，烟气流通阻力大，排灰能力不够。锅炉燃烧不尽合理，烟气携灰量大，灰量大大超出除尘器的排灰能力。

（2）排灰管太细、108mm 管径阻力大、罗茨风机压头不够。

（3）锁气装置不灵活，容易负压回流。

2. 处理

（1）进行燃烧调整，尽量降低一次风的使用量。将燃烧置于一个高温区域，尽量形成完全燃烧，减少锅炉不完全燃烧损失，减少烟气中灰的携带量。

（2）进行设备改造，更换罗茨风机、加粗排灰管道，预除尘器下面加装机械放灰装置。预除尘器改造后，减少了进入布袋除尘器的灰量。

（3）在烟道折向处加装放灰管，停炉时清除烟道积灰。

三、工作建议

（1）做好防止四管泄漏、爆破的预案。烟气中大量的灰尘颗粒，在极高的速度下，冲刷受热面，在一定的周期内，势必会造成管壁和引风机叶轮磨损。

（2）做好定期排污、连续排污、锅炉吹灰工作，保障化学水质合格，保持管道内外清洁；做好燃烧调整，防止锅炉高、低温腐蚀。

（3）做好燃烧调整，摸索出一套成熟的经验，减少机械和化学不完全燃烧损失。

5.4　锅炉异常运行时的临时处置

生物质锅炉发生了几件异常的故障，影响了正常运行，对此进行分析处理。

一、给料机单侧进料

1. 现象

B 侧给料机由于电气原因无法运行，只剩下了 A 侧给料机单侧布料，打开 A 侧炉墙人孔门，只看到燃料塞满，看不到明火。打开 B 侧炉墙人孔门，看到炉排有 1m 多宽的无料走廊。这样就造成 A 侧的燃料一次风吹不动，B 侧由于没有燃料形成了大量的空穴区域，一次风通过无料的炉排孔眼进入，降低了炉膛温度，炉排一次风分布极不均匀，正常的锅炉燃烧无法建立。

2. 解决的方法

（1）采取开启 1A、2A 点火风，用点火风吹动燃料向 B 侧移动，也就是说利用 A 侧的风把燃料吹到 B 侧，尽量将燃料吹向无料的炉排，尽量使燃料铺满炉排，形成全床着火，构造一个均衡的火焰温度区，提高火焰在炉排的充满度。

（2）采取此种方法，1h 后打开炉门检查，燃料分布大致均匀，B 侧炉排上面已经有燃料在燃烧了，燃烧工况大为改观，收到了良好的效果。负荷从 10MW 以下带到了 25MW。

3. 建议

燃烧黄秆的生物质锅炉，在 A、B 给料机的两端加装播料风。风源可以接在点火风道，通过调整播料风的压力和角度来改变燃料的分配，使燃料不堆积在柔性管上，使高端区域燃料不致过厚，利于一次风穿透。

二、预除尘器放灰管路严重堵塞

1. 分析

（1）入炉燃料灰分一般都在 30％以上，燃烧生成的灰量太多。

（2）燃烧调整不合理，一次风过大，火焰过长，穿透速度快，二次风使用太小（后墙 40％、前墙 20％），压不住火焰。在二次风区域不能形成强烈的回流扰动，无法形成烟气可燃物的继续燃烧，温度场上移，经过水冷壁和过热器的热交换后，烟气里大量固体颗粒的温度快速衰减；经过四级过热器吸热后变成了低温灰。烟气中的灰粒在过高的速度下，被带入预除尘器。错误的运行调整造成不完全燃烧，使得机械将灰携带到尾部，生成的灰量大大超出了预除尘器的设计能力。

（3）管道设计太细，直径 108mm 的管子排灰阻力太大，罗茨风机输送风压低，0.4MPa 满足不了排灰量要求。

2. 解决的方法

（1）进行燃烧调整以 20MW 负荷为例：一次风高端挡板开度为 50％、中端挡板开度为 70％、低端挡板开度为 30％，让燃烧在二次风口下进行。

（2）二次风：前墙挡板开度为 40％、后墙挡板开度为 60％，尽量使燃烧建立在高效区域。

（3）保持锅炉炉膛压力为－50Pa，将燃烧高温区控制在二次风口以下，保持燃烧速度，保障燃烧程度，燃烧结束灰量携带量减少。

3. 建议

建议进行设备改造：

（1）更换大直径的放灰管、更换大功率的罗茨风机。

（2）预除尘器加装下部放灰的机械螺旋，减轻上移的灰量。

三、一级过热器振动

国内已经有几个生物质电厂，发生了不同程度的一级过热器振动。分别在高、低负荷，吹灰、炉排振动，点火初期的时候，被认定为是共振现象。

1. 分析

（1）汽包里饱和蒸汽的穿透速度为 1m/s，从汽包出来的饱和蒸汽经一根 168 的连通管（速度为 8m/s），进入一级过热器（速度为 20m/s）。由于蒸汽流通截面的改变，阻力瞬间增加，蒸汽流速突然变大，就可能产生蒸汽冲击，在热力循环不畅时有可能形成汽塞。

（2）饱和蒸汽经过过热器变为过热蒸汽，是一个热力交换极其剧烈的过程。烟气流速和温度，在锅炉负荷变化、积灰、结焦等工况变化时，都会在烟气走廊产生巨大的影响，进而形成了过热器管内蒸汽的脉动冲击。

（3）同样负荷的煤粉炉、流化床炉一般不会产生过热器振动，是因为从汽包到一级过热器有 8 根连通管。它们匀速进入，不会产生大的压头，蒸汽流速不会剧变。

2. 建议

（1）在振动的过热器处加装防振板。

（2）燃烧调整应注意在振动的过热器两侧烟温不能大于 30℃，不能造成过大的壁温差。

（3）改变设计，在汽包出口与过热器入口集箱加装分配导管，以均衡蒸汽流速。

锅炉是一个可能会出现各种问题的热力系统，要全面、客观地处理发生的异常故障，确保安全经济运行。

5.5 黄秆锅炉燃烧调整的原则

一、风量调整

（1）一次风、二次风、点火风和燃尽风的作用。一次风提供炉排上燃料的预热、干燥、气化、燃烧所需的风量，将燃料吹拂起来、形成燃料间隙，利于充分燃烧；二次风作为一次风的补充，主要是为燃烧室内的可燃气体和悬浮的燃料小颗粒，提供燃烧和燃尽所需的氧气，同时，加强炉内气流扰动和混合，起到强化燃烧作用；点火风采用小直径管口，产生高速射流，卷吸高温烟气，起到预热和干燥进料口下面燃料的作用。燃尽风作为二次风的分级配风，主要是向炉膛上部未燃尽的可燃气体和燃料小颗粒提供燃烧所需的氧气，同时在一定程度上起到减少氮氧化物生成的作用。

（2）一次风、二次风和点火风的风量配比约为 4：4：2 或 5：4：1；根据实际燃烧工况也可以不用点火风，一次风、二次风的风量配比为 5：5。后墙二次风量与前墙二次风量比例约为 3：1 或 2：1。如果尾部烟道安装监测一氧化碳含量的仪表，可根据烟气中一氧化碳含量调整前墙燃尽风量。燃烧室内火焰应向进料口卷吸和偏斜，形成良好的火焰充满度。

（3）随着负荷升高、燃料厚度增加、蓄热能力增加，总风量也增加。一次风穿透燃料层，二次风构建高强度燃烧结构。

（4）炉排振动时，提前减少一次风量，增加二次风量，一方面，是为了避免因燃烧膨胀加剧而导致炉膛冒正压；另一方面，是为了降低烟气中未燃尽的可燃气体。

二、炉排上料层调整

通过调整给料量、风量和炉排振动，确保炉排上料层形状如

图 5-1 中实线所示，这样有利于卷吸的高温烟气加热和干燥燃料，料层形状如图 5-1 中虚线所示。

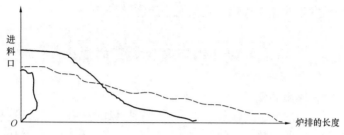

图 5-1　燃料在炉排长度方向上的分布

三、振动炉排调整

（1）应根据锅炉负荷、入炉燃料特性、炉排上料层形状和炉渣可燃物含量来调整炉排振动时间、停止时间及振动频率。振动周期的调整规律如表 5-4 所示。

表 5-4　　　　　　　　振动周期的调整规律

项目	变化情况	振动时间	停止时间
燃料粒度	变大	减少	增加
	变小	增加	减少
水分	变大	减少	增加
	变小	增加	减少
料层厚度（锅炉负荷）	变大	增加	减少
	变小	减少	增加

（2）振动炉排的频率应该由下面三个因素来决定：

1）低端炉排挡灰板处的灰渣堆积厚度，应维持在 10～30cm；

2）在一定振动频率下，不能使炉膛负压发生剧烈变化；

3）尽可能降低捞渣机出口的炉渣可燃物含量。

（3）根据燃料燃烧和炉排料层的实际情况，确定炉排振动、间隔和频率。振动炉排驱动装置变频器的升坡、降坡时间应设置为 1～3s，确保振动的有效性。

四、给料系统调整

（1）料仓取料机应尽可能通过调整转速来实现全部连续运行。增、减入炉燃料量时，应同时提高或降低取料机转速，避免通过启、停取料机的方式来控制和改变入炉燃料量，要确保同一负荷下入炉燃料的连续性以及在炉排上布料的均匀性，同时确保在水冷套内形成料塞，防止大量冷风漏入炉内而影响燃烧。

（2）针对水冷套处漏风对锅炉燃烧产生不良影响的问题，要确保在水冷套内形成料塞。

5.6 促成炉排高端着火的措施

一、48t/h 生物质锅炉的现状

1. 燃料及工况

燃料包括玉米秸秆、小麦秸秆、树皮和其他燃料。燃料水分一般在 50％以上，应用基低位发热量为 5000～6000kJ/kg，灰分一般在 10％以上，炉渣含碳量一般在 30％以上，飞灰一般在 15％以上。氧量保持 3％～6％，总风压为 7～8kPa，除尘器压差为 3000kPa，炉膛温度保持在 800℃左右，给水温度为 200℃，热风温度为 195℃，排烟温度为 125℃。

2. 锅炉设备状况

锅炉为 48t/h 生物质炉排层燃锅炉，负荷为 1.2MW，锅炉炉排为了改变通风量和风速，加装了风帽。燃尽风由于向上倾角，进行了封堵。在高端柔性管下面，增加了以罗茨风机为动力的点火风。对给料机进行改造，加长了螺旋长度。在离炉排 3m 的水冷壁上，敷设了卫燃带。

3. 锅炉燃烧存在的问题

（1）炉排上面料层太厚，燃料不能均匀布置，炉排高端不着火，燃烧区域在中低端进行，燃烧过程还没有完成就结束了。炉排燃烧面积相应的减少，无法达到设计的燃烧热强度、产生满足高负荷要求的锅炉容积热量。

（2）一次风温为 190℃，不能使燃料及时干燥、气化，进而迅速的着火。这是生物质锅炉设计的主要失误之处。

（3）炉排低端成了主要燃烧区域，未完全燃烧的燃料通过捞渣机排出。炉渣含碳量居高不下，达到 30%，飞灰达到 15%。锅炉燃烧不完全，机械热损失太大。

（4）引风机前阻力达到 3kPa，大量水蒸气热量通过烟囱排出，加重了引风机负担。

（5）锅炉漏风严重，在炉膛冒正压时，可以看到大量烟气从炉膛不严密处逸出。

（6）炉排振动时炉内变化剧烈，出现锅炉瞬间灭火现象，影响机组负荷 2～3MW，锅炉燃烧不能稳定。

二、分析

1. 燃料水分过大

（1）燃料水分过大是影响锅炉燃烧的主要因素，燃料水分在 50%左右，最大超过 60%。根据丹麦国际生物质燃烧试验室的结论，燃料水分为 45%，锅炉燃烧结构就很难建立；超过 60%，锅炉燃烧就不能形成了。

（2）燃料水分过大，使炉膛内的水蒸气膨胀，降低了炉膛温度，破坏了炉内温度场，使锅炉带负荷能力降低，形成的大量水雾蒸汽，使烟气中的灰分湿度加大，烟道阻力增加，又加重了引风机的负担，致使引风机功率增大，形成了锅炉不良循环。

2. 燃料尺寸过大

燃料有一部分没有经过粉碎，导致直线螺旋给料机取料困难，进料量不能保持相对稳定，使炉膛温度变化大。大颗粒的燃料在炉内与氧结合不好，影响了燃烧程度。

3. 炉排燃料太厚

由于柔性管的支撑和风帽的阻挡，使得炉排高端上面，燃料堆积有 2m 厚，造成了与炉排中端的断层。整个炉排上面燃料分布凹凸不平，导致一次风在高端区域吹不动，中、低端个别区域穿透吹空。

4. 炉膛燃烧滞后

由于燃料水分过大，燃料在炉排高端区域进行着预热、析出和分解作用，不能进行燃烧。锅炉真正的燃烧在炉排中、低端区域，由于燃烧时间不够，就不能生成高负荷需要的热强度，许多含碳颗粒和生料，被捞渣机和烟气带走，燃烧程度大大降低。

5. 炉排振动

(1) 炉排振动时，炉膛压力变化很大，能达到 ±2kPa。这样大的炉膛压力使炉内燃料搅动，大量水蒸气释放，一次风通过振动裂开的燃料间隙大量涌入，大量外界的冷气流进入，炉膛温度、负荷急速下降，造成了锅炉瞬间灭火。炉排振动停止后，燃料重新着火，建立了新的燃烧结构。周而复始，形成了一个从破坏到建立的循环。

(2) 为了改变炉内料层厚的问题，就得振动炉排，随着炉排振动就会有生料排出，还降低了锅炉蓄热量。减小炉排振动，料层就会越来越厚，一次风不能穿透，燃烧停留在表面气化模式，固定碳的燃烧不易形成，由于炉膛的强力通风，含碳颗粒被烟气携带走，炉膛热强度升不上来。

6. 炉膛漏风

炉膛、进料口和烟风道的不少地方漏风，尤其是在炉排振动时，炉膛大量的热烟气排出，造成了热量损失，污染了环境；大量的冷空气进入，又降低了炉膛温度，影响燃烧。

三、燃烧调整

锅炉燃烧调整的关键是如何在炉排高端建立燃烧工况。

(1) 为了保持高端区温度，减少炉排预热段、增加燃烧段，停止了以冷空气为气源的罗茨风机。

(2) 为了便于掌握二次风的分配量，关闭了去料仓的干燥风

（实际上该风起到的干燥效果并不大）。

（3）根据燃料湿、风量需求大的特点，送风机出口总风压由7.5kPa调整为8.2kPa。

（4）一次风开度由高端100%、中端80%、低端40%，调整为高端90%、中端70%、低端40%。

（5）二次风开度由原来的10%，增加到30%，以改变一、二次风配比，保证二次风口下强力燃烧的氧量。延长炉内燃烧停留时间，利于燃烧完全。

（6）根据燃料在高端区堆积的特点，将上部点火风由原来的10%，调整为30%，其作用如下：

1）利用该风的冲击力，将燃料吹到中端区域燃烧。

2）增加该区域的干燥风量。

3）补充高端区域的氧量，形成该区域的燃烧，以增加燃烧段，相应地增加了燃烧时间，保障燃烧程度，尽力形成锅炉强化燃烧的局面。

（7）根据火焰颜色、料层厚度和灰渣等综合工况，调整炉排振动。

（8）为了减少燃料的水分，利于燃烧，启动干燥机，燃料水分含量由60%下降到51%，有了一定的效果。

（9）在保证燃烧完全的情况下，尽量多带负荷，在燃烧程度和负荷的矛盾之间，首先考虑燃烧程度，最大程度地降低燃料标杆单耗损失。

四、结论

通过燃烧调整，验证了调整思路的正确，高端燃烧已经形成。火焰颜色变为区域性的金黄色，排渣近似灰白色，负荷稳定在9MW，在较多的时候，炉渣含碳量降低了10%，飞灰降低了5%。并且通过多种燃料的掺混试验，当燃料水分在50%以下时，燃烧工况可以保障，负荷稳定在9MW以上，机械和化学不完全燃烧损失较少，效果比较好。

影响锅炉燃烧的最大问题就是燃料的水分含量过大，其次是设备原因。燃料水分在 45% 以上，就不可能保证锅炉的高效燃烧。

五、建议

（1）建造一个大容量的燃料干燥棚。

（2）炉排改造成风帽破坏了床层的平衡燃烧原则，炉排中端区域的风帽阻碍了燃烧产物在炉排振动时的跳跃。用流化床锅炉的理论是不能适应生物质炉排燃烧技术的，只会将床上燃料分隔为断层，改变了床层的平衡性，造成了配风的困难，不能形成正常的燃烧结构。

（3）恢复燃尽风，改变倾角。不能没有理由地破坏初始设计。

（4）将高端炉排下面的点火风源，由罗茨风机改为二次风，提高热风温度。

（5）实践证明，二次风到料仓的管道改造没有效果。加强燃料的晾晒、阴雨天遮盖燃料。

（6）检查锅炉漏风，封闭不严密的地方，尤其要保持进料系统各部分检查孔的严密性。

（7）停炉时疏通炉排风眼、检查布袋除尘器。

（8）利用粉碎机破碎燃料，增加燃料的接触面积。

（9）再次点火前，做锅炉风门挡板特性和动力场试验。

（10）恢复炉排看火孔，改为翻板式，便于运行人员观察燃烧工况。

（11）建议改变炉排一次风总门安装位置（由垂直位置改造为水平布置，离开弯头区域），并恢复电动控制，便于运行人员调整。

（12）炉排振动要找准切入点，当炉膛形成负压时，开始振动，减少炉床的扰动，避免大的炉膛负压波动。

48t/h 生物质锅炉炉排设计容量不够，不能适应国情燃料的燃烧，单靠燃烧调整不能解决根本问题，望有关人士给予注意。

5.7 灰秆锅炉燃烧调整的设想

一、炉排上布料的要求

燃料应均匀地分布在炉排的四分之三区域，炉排高端的柔性管处应没有燃料，距离炉排低端挡灰板 0.5m 内应没有燃料，两侧墙不应有堆积的燃料。炉排料层厚度均匀分布，料层厚度保持在 20cm 左右，经常观察炉排料层厚度及料层分布情况，根据料层情况调整 6 台给料机转速，使炉排料层均匀分布，避免因料层不均匀炉排局部燃烧不充分，而导致灰渣含碳量偏高现象的发生。

二、锅炉燃烧调整的方法

（一）生物质在振动炉排上的燃烧过程

生物质燃烧通常可以分为三个阶段，即预热起燃阶段、挥发分燃烧阶段、碳燃烧阶段。生物质在振动炉排上的燃烧过程分为预热干燥区、燃烧区和燃尽区，它可以与振动炉排的高、中、低端相对应。根据各区的燃烧特点，各区需要的风量有差别，预热干燥区和燃尽区的风量少一些，燃烧区的风量要大一些。燃料颗粒在振动炉排锅炉中燃烧可以分为两种类型：颗粒大的在炉排上穿透燃烧；颗粒特别小的燃料颗粒，在气力播撒的过程中，在炉排上部空间发生悬浮燃烧。

（二）生物质在炉排上完全燃烧的条件

良好燃烧的标志就是在炉内不结渣的前提下，尽可能地接近完全燃烧，同时保证较快的燃烧速度，得到最高的燃烧效率。

（1）供应充足而有合适的空气量。如果过量空气系数过小，即空气量供应不足，会增大固体不完全燃烧热损失 q_4 和可燃气体不完全燃烧热损失 q_3，使燃烧效率降低；如果过量空气系数过大，则会降低炉腔温度，增加不完全燃烧热损失。最佳的过量空气系数使锅炉排烟损失 $q_2+q_3+q_4$ 之和为最小值。

（2）适当提高炉温。根据阿累尼乌斯定律，燃烧反应速度与温度成指数关系。在保证炉膛不结渣的前提下，尽量提高炉膛温度。

（3）炉膛内良好的扰动和混合。在着火和燃烧阶段，要保证空气和燃料的充分混合，在燃尽阶段，要加强扰动混合。

（4）燃料在炉排上和炉膛中有足够的停留时间。

（5）保持合理的火焰前沿位置。火焰前沿应该位于高端炉排与中部炉排之间的区域，火焰在炉排上的充满度好。

（6）在炉排中端和已经着火燃烧的高端区域，保持足够的氧量；在炉排低端保持较高的炉膛温度。

（三）振动炉排锅炉的燃烧调整方法

1. 调整振动炉排的振动频率和振动周期（振动时间和停止时间）

振动炉排的振动频率一般不随负荷的变化而进行调整，最佳的振动频率是通过观察低端炉排的挡灰板处的灰渣堆积厚度来决定的。当燃料的粒度、水分和负荷发生变化时，只是对振动时间和停止时间进行调整，一般不对振动频率进行调整。振动炉排的频率应该由下面三个因素决定：

（1）低端炉排挡灰板处的灰渣堆积厚度应该维持在 $100\sim150mm$。

（2）在一定振动频率下，不能使炉膛负压发生剧烈变化。

（3）检测 1 号捞渣机出口的灰渣含碳量，正常的含碳量应该为 $3\%\sim5\%$。

根据调整试验得出：振动炉排的频率应该为 $88\%\sim90\%$，炉排的振动时间决定燃料颗粒在炉排上的行走速度（或每一振动周期内燃料在炉排上的行程），振动时间越长，其破坏焦渣的能力越强；但料层内部的翻动性能差，行走速度加快。燃料颗粒在炉排上的停留时间是由振动时间、振动频率和停止时间共同决定的。振动炉排的爬坡时间是 10s，下降时间设定为 19s。

振动炉排的振动周期根据燃料粒度、水分和锅炉负荷变化的调整规律如表 5-5 所示。

表 5-5 振动周期的调整规律

项目	变化情况	振动时间	停止时间
燃料粒度	变大	减少	增加
	变小	增加	减少
水分	变大	减少	增加
	变小	增加	减少
料层厚度 （锅炉负荷）	变大	增加	减少
	变小	减少	增加

2. 调整炉排各区一次风的风量以及相互间的匹配

在一次风中，中端炉排的一次风量最大、高端炉排的一次风量次之、低端炉排的一次风量最小。随着锅炉负荷增加，一次风的风量占总风量的比例逐步减少。如果从炉前观察到落渣口积存较多的未燃尽的小颗粒燃料，则可以适当提高炉排中、高端入口的一次风量。

如果高端、中端炉排的一次风量都增大，则炉排上火焰前沿向炉排高端移动；如果低端、中端炉排的炉排风量都增大，则炉排上火焰前沿向炉排中端移动。

建立合适的炉膛负压，组织好合理的炉内燃烧空气动力场。炉膛压力在正常运行时应维持为 $-50\sim+50Pa$。

如果炉膛压力偏正，首先，造成高温烟气和火焰回火到给料机的落料管，引发燃料着火，对给料机、落料管和止回挡板造成损害；其次，造成高温烟气和火焰回火到二次风的管道中，烧坏二次风的喷口。另外，炉膛内的高温烟气会从人孔门或启动燃烧器的活动门的缝隙喷出，损坏设备或对人体造成伤害。

如果炉膛负压过大，首先，会缩短细小的燃料颗粒和未完全燃烧气体在炉膛中的停留时间，使固体不完全热损失和可燃气体不完全燃烧热损失增大，降低锅炉的燃烧效率和热效率；其次，造成锅炉的漏风量增大，使排烟温度升高、排烟热损失增大，降低锅炉的热效率；再次，炉膛负压太大，则有可能使炉膛水冷壁变形、拉裂焊口，对水冷壁造成损坏；另外，还会增加受热面的磨损。

（四）当燃用高水分燃料时，避免炉膛发生爆燃的建议

当燃料水分大于 30% 时，发生不完全燃烧，可能发生炉膛爆燃，为避免发生此类情况，建议进行以下调整：

（1）增加高端、中端一次风量。

（2）氧量维持在 3%～6%。

（3）适当提高炉膛负压。

（4）增大播料风压力。

（5）缩短炉排的振动时间，延长炉排停止时间，目的是保持炉排料层，提高炉膛温度。

炉膛爆燃的主要原因是燃料水分、灰分太大，或者是炉膛和烟道设计不合理，烟气带走的热量太多，炉排高端不能着火，炉排振动时产生了巨大扰动，使锅炉燃烧瞬间灭火而后在高温状态下着火爆燃。现象是：锅炉先是产生很大的负压，再以很大的正压形式出现；炉膛温度先降低，然后再回升（有一个生物质电厂炉排振动时使负荷下降 2MW）。

三、燃烧调整

燃烧调整的原则如下：

（1）随着锅炉负荷的增加，总风量增加，氧量保持在 3%～6%。

（2）一次风使用。炉排高端大于炉排中端，炉排中端大于炉排低端，燃料水分越大高端一次风需要量越大。

（3）二次风使用。以前、后下二次风构建合理的锅炉燃烧，以前、后上二次风控制烟气温度，保障完全燃烧。

（4）一、二次国情风率为 5：5 或 6：4，视燃烧工况和锅炉效率而改变。

（5）播料风使用。一般比播料试验的风压大 0.5kPa，播布到炉排中后部位置。

氧量的建议值见表 5-6。

表 5-6	氧量的建议值				
锅炉负荷（%）	100	93.5	75	50	40
过量空气系数	1.14	1.17	1.19	1.21	1.23
氧量值（%）	3	3.5	4	4.5	5

5.8 燃料水分大时的燃烧调整试验

入炉燃料水分大、热值低，严重影响锅炉燃烧，造成了炉排振动时炉膛爆燃、火焰烟气扰动太大，灰的含碳量太高，锅炉效率降低。

一、现状分析

1. 地理位置、气候

电厂位于江西省南部，赣州市中部，赣江上游，环绕赣州市区，东经 $114°42'\sim115°22'$、北纬 $25°26'\sim26°17'$。

全境地处中亚热带丘陵山区，季风湿润气候区，气候温和，雨量充沛，并具有春早、夏长、秋短、冬迟的特点。

2. 燃料分析

（1）燃料主要以桉树皮为主，桉树属于速生树种，有着极强的吸水性，燃烧热值低，燃烧生成灰量大。

（2）粉碎后的树皮形成了毛绒状，不能附着在炉排上燃烧，在风的作用下，迅速上升到炉膛出口，在低温下燃烧不完全。

（3）毛绒状的燃料流动性差，容易堵料。

（4）发热量为 6420kJ/kg、挥发分为 60%、水分大于 60%、灰分为 10%。

3. 锅炉机组

（1）生物质电厂锅炉采用国外的生物燃料燃烧技术的 130t/h 振动炉排高温、高压蒸汽锅炉。锅炉为高温、高压参数自然循环炉，单锅筒、单炉膛、平衡通风、室内布置、固态排渣、全钢构架、底部支撑结构型锅炉。

（2）设计入炉燃料水分小于 25％。

4. 锅炉燃烧评估

根据国外知识产权方——瑞典世界燃烧中心的研究报告，燃料水分大于 45％就很难构成锅炉燃烧，水分大于 60％就不能构成锅炉燃烧。国能公司规定燃料水分大于 50％时，机组要停止运行。锅炉入炉燃料水分大于 60％，已经不能形成正常的锅炉燃烧了。

二、锅炉燃烧存在的问题

锅炉机组，由于不能适应水分大于 60％的入炉燃料，锅炉已经不能形成正常的燃烧工况了。因此，造成了以下现象的发生：

1. 锅炉燃烧冒正压、炉灰含碳量高

锅炉投产以来，由于燃料发热量低为 7000kJ/kg 左右，水分大于 50％。当锅炉带到高负荷时，锅炉内首先形成水蒸气释放吸热，然后才是燃烧放热的过程，并以锅炉频繁的冒正压的形式反映出来。锅炉里大量的水蒸气降低了炉膛温度，加入的氧在水蒸气的环绕下，形成屏障，难以与火焰进行充分混合，以致燃烧缺氧，如果弥补这部分氧量，就要加大风量，风量加大了，势必造成烟气流速增加。炉内穿透火焰的烟气就会快速流动，以至影响了锅炉的稳定燃烧，造成炉内燃烧时间不够，大量可燃物逸出。

2. 尾部烟道飞灰带火星

由于大量不完全燃烧的飞灰进入尾部烟道，所以在预除尘器和灰库放灰时，灼热的飞灰遇到空气，就会看到明显的火星，这样就容易烧坏除尘器布袋，还会加速引风机叶轮的磨损。

3. 锅炉带高负荷困难

增加锅炉负荷，就需要增加给料量和风量。负荷越高炉内扰动就越大。低热值、高水分的燃料燃烧时，形成的膨胀气雾充斥炉膛，远远超过了锅炉设计所允许的极限，锅炉没有足够的空间容纳吸热、放热过程，瞬间产生的烟气体积急剧变化。在极强烈的扰动下，正、负压波动形成，造成了明显的动态不平衡。在这样的工况下，不能形成较高的锅炉容积热负荷，燃烧强度不够，就无法生成满足高负荷需要的热量，并且生成燃烧不充分所造成的可燃灰分。

三、锅炉燃烧调整

在连续阴雨空气湿度大（80%）、燃料水分和热值无法改变、锅炉没有进行设备改造的现实情况下，我们进行了 15、18、21MW 锅炉负荷的燃烧调整试验，以求利用现有设备和燃料，获取最好的经济利益。

（一）15MW 负荷时锅炉燃烧调整

1. 稳定燃烧、避免炉膛波动、减少灰中可燃物的措施

（1）改变炉排振动模式，炉排振动由以前的长时间、大频率，改为现在的小频率、勤振动的方式，即振动频率为 75%～80%，振动时间为 4～5s，振动间隔为 9～11min，并要根据燃烧工况和料层厚度进行精心调整，振动前、后就地观察火焰颜色、料层厚度及捞渣机出渣（灰）颜色。

（2）加减料量、改变风量时要小幅度勤调、细调，当锅炉产生大的炉膛波动时，要及时减少料量和风量，维持炉膛温度，不可长时间的产生正、负压波动。当锅炉吹灰和炉排振动时尤其要注意炉膛负压。

（3）振动炉排时要适当降低总风量或大幅降低中端一次风量，保持－50Pa 以上的炉膛负压，适当增加前、后墙上二次风风量，以延长炉内燃料燃烧时间，充分扰动，进而降低飞灰含碳量。

（4）根据入炉燃料目测含水量及料质、料量将播料风风压保持在 3.6～4.0kPa 以上，尽量将燃料分布到炉排高端，利用高端一次风将其预热分解。在炉排的振动下，炉排中端就形成了强烈燃烧。利用这种方法，即能保障料层厚度，又能增加炉排的排灰量，减少了 2 号回程的灰量，利用燃料的充分燃尽，提高锅炉热效率。

（5）在炉膛温度较高（不低于 800℃），燃烧稳定时，适当增加二次风，增加后注意观察各区域的温度变化。

1）下层二次风参考开度：后墙为 15％（约 0.8kPa）以上、前墙为 20％（约 2kPa）以上，随时观察着火情况和灰的颜色，保证炉膛强烈燃烧区域氧的及时穿透，形成一个相互引燃、剧烈扰动的火焰中心区域。

2）上层二次风参考开度：前墙为 20％、后墙为 20％以上，以压制旋动火焰，并相应地增加了燃烧时间，造成一个依次衰减的炉内温度场，以利于完全燃烧。

（6）经常观察锅炉漏风和捞渣机漏风（保持捞渣机水封正常）情况，防止大量冷风进入锅炉，引起炉膛压力大幅波动。

（7）入炉燃料需要掺混均匀，避免水分大的燃料如锯末、竹屑等粉状燃料瞬时大量进入炉膛，引起炉膛压力大幅波动。因此料场应设专人负责燃料掺配。

（8）现有的燃料为依据，控制总风压在 5.2kPa 左右，氧量维持在 6％以下，减少空风扰动，维持炉膛温度在 750℃以上，减少正负压波动。

（9）一次风高端大于 38％、中端大于 38％、低端不大于 15％。以高强度的高端一次风预热燃料，以利燃料挥发分尽快释放，达到燃料着火条件，利于二次风对燃烧的旋动，增加燃烧的空间，保障高效燃烧，增加有效燃烧在炉内停留的时间，降低不完全燃烧，提高锅炉效率。

（10）当一台给料机堵料或卡料跳闸时，应降低相应取料机转数或转臂电动机转数，减少取料机给料量，保持其他两台给料机运行。当 1、3 号或 4、6 号给料机堵塞时，将播料挡板调至堵塞侧，保证其他给料机继续给料。当 2 号或 5 号给料机堵塞时，落料管电动机可停止运行，保证其他给料机继续给料，并降低一次风量及总风量，维持炉膛温度。

（11）保持炉内料层厚度低端 20～30cm，维持一个比较高的蓄热能力，以便接带高负荷，并且在堵、断料时加强调整，防止偏烧。

（12）取料机转速一般在80％以上，当加强燃烧时，注意尾部烟道温度和排烟温度的变化，尤其是省煤器前的温度。当这个温度能够保持在375℃以上时，就能形成一个利于燃料燃尽的温度场。

（13）皮带入口燃料应该为均匀掺配后的燃料，且密切监视料仓料位，保证炉前料仓料位稳定在2m以上。

（14）建立正常的锅炉吹灰制度，保持正常的热交换，防止尾部烟道积灰。保障预除尘器出灰正常，灰斗要经常放灰。以减少烟道阻力、减轻引风机叶轮的磨损。

（15）运行中尽量提高热风温度和给水温度，尽量使尾部烟道受热面的温度达到设计值。15MW负荷工况下锅炉配风参考值见表5-7。

表5-7　　　　　　　15MW负荷工况下锅炉配风参考值

项　目		参　考　值
总风压（kPa）		5.2
播料风压（kPa）		3.8
氧量（％）		8
一次风（％）	高端挡板开度	38
	中端挡板开度	38
	低端挡板开度	15
二次风（％）	后墙下挡板开度	20
	前墙下挡板开度	15
	后墙上挡板开度	20
	前墙上挡板开度	20

2. 燃烧调整过程

锅炉15MW负荷的燃烧调整从2012年3月7日开始至2012年3月10日结束。

整理后的锅炉燃烧调整数据如表5-8所示。

表 5-8

整理后的锅炉燃烧调整数据

班次	有功功率 (MW)	厂用电率 (%)	燃料量 (t/h)	燃烧热值 (kJ/kg)	炉膛温度 (℃)	省煤器温度 (℃)	蒸汽流量 (t/h)	炉渣含碳量 (%)	炉灰含碳量 (%)	飞灰含碳量 (%)	含水量 (%)	送风压力 (kPa)	引风压力 (kPa)	高端一次风量 (t/h)	中端一次风量 (t/h)	低端一次风量 (t/h)	播料风压 (kPa)	二次风总风量 (t/h)	前墙上一次风 (t/h)	前墙下一次风 (t/h)	后墙上一次风 (t/h)	后墙下一次风 (t/h)
中班	15.75	16.09	288	5316	798	352	82	2.02	28.66		60.75	5.3	2.2	37	39	16	3.8	40	9.2	15	11.6	11.6
夜班	14.35	17.03	278	5830	775	350	73	2.45	13.83		59.16	5.1	1.9	37	38	13	3.8	43	10	13	13	8
白班	15.92	14.86	294	4821	777	350	80	3.71	6.06	8.83	60.01	5.1	1.8	35	34	14	3.9	39.9	10	20	10	10
中班	16.5	16.01	306	4516	790	350.1	76.6	1.35	19.16		53.84	4.7	-1.6	37.6	40.8	15.6	3.73	41	9.5	17.5	12.6	11.2
夜班	13.74	17.7	302	5505	750	347	70	2.12	9.12	3.18	63.20	5.4	-1.9	34	36	11	3.8	43	9.1	13	10.3	10
白班	15.17	15.92	329	4821	812	351	75	2.51	9.88	5.32	55.9	4.8	-1.8	38	39	11	3.9	39	9	19	9.9	10
中班	15.68	15.96	275	6953	822.5	339.5	76.2	3.58	12.9		53.65	4.6	-1.8	41.4	42.8	16.2	3.7	39	13.8	15	10.5	12.2
夜班	16.33	14	303	5361	781	338	81.5	1.41	6.75		59.43	4.6	-1.6	39.8	39.9	15	3.8	39.6	14.5	15.1	11.6	9.9
白班	14.67	8.12	255	4747	808	346	76.2	1.42	6.55		58.39	4.7	-1.9	40.2	40.8	17.2	3.7	45	17.2	20.5	18.1	10
中班	16.39	23.7	243	6130	803	345	75.5	2.53	8.65		61.31	4.9	-1.7	40.1	41.0	17.5	3.8	45	17.5	20.5	15.5	11.2

3. 15MW 负荷锅炉燃烧调整结论

燃料配比为木块与树皮 1:1,入炉物料平均热值为 6680kJ/kg、入炉燃料平均水分为 59.71%、环境湿度为 80% 时:

(1) 锅炉取料量为 75%,转臂分料量为 60%,燃烧稳定,各项运行参数正常,能够很好地避免炉膛冒正压。

(2) 锅炉 2 号回程灰的可燃物含量最少为 6.06%,最大为 19.16%,平均为 9.3%。

(二) 18MW 负荷时锅炉燃烧调整

(1) 锅炉燃烧调整引用 15MW 负荷时的措施,并进行了风量的改变。18MW 负荷工况下锅炉配风参考值见表 5-9。

表 5-9　　　　　　　　18MW 负荷工况下锅炉配风参考值

总风压	氧量	一次风		
		中端	低端	高端
5.4kPa	6%	40%	40%	20%

二次风				播料风风压
后墙下	后墙上	前墙下	前墙上	
15%	25%	25%	25%	4kPa

(2) 燃烧调整过程。锅炉 18MW 负荷的燃烧调整从 2012 年 3 月 11 日开始,到 2012 年 3 月 13 日结束。整理后的锅炉燃烧调整数据见表 5-10。

(3) 18MW 锅炉负荷燃烧调整结论。

1) 锅炉燃烧在取料量为 85%、转臂分料量为 70% 时,燃烧基本稳定,各项运行参数正常。

2) 灰的可燃物含量,最大为 24.36%、最小为 6.95%。平均为 10.12%。

(三) 21MW 时锅炉燃烧调整

1. 21MW 负荷时的燃烧调整措施

21MW 负荷工况下锅炉配风参考值见表 5-11。

表 5-10　整理后的锅炉燃烧调整数据

班次	有功功率 (MW)	厂用电率 (%)	燃料量 (t/h)	燃烧热值 (kJ/kg)	炉膛温度 (℃)	省煤器温度 (℃)	蒸汽流量 (t/h)	炉渣含碳量 (%)	炉灰含碳量 (%)	飞灰含碳量 (%)	含水量 (%)	送风压力 (kPa)	引风压力 (kPa)	高端一次风量 (t/h)	中端一次风量 (t/h)	低端一次风量 (t/h)
白班	16	12.01	288	6281	805	354	79	2.29	7.53	7.21	60.17	5.3	-1.9	35	39	15
夜班	15.8	14.48	341	5963	780	345	70	1.47	14.76	11.5	56.75	5.2	-2.0	38	38	20
白班	19.1	14.19	436	5338	820	346	90	1.12	9.35	7.70	60.36	5.0	-1.8	40	40	15
中班	17.1	16.54	341	6295	800	342	75	2.03	14.5	9.8	56.55	5.3	-1.9	37	39	13
夜班	18.1	12.4	372	5963	825	351	88	1.47	14.76	10.6	61.82	5.0	-1.9	39	40	13
白班	18.1	14.4	373	5338	830	349	87	1.12	9.35	7.88	65.49	5.2	-2.1	32	32	11

表 5-11 21MW 负荷工况下锅炉配风参考值

总风压	氧量	一次风		
		高端	中端	低端
5.8kPa	6%	40%	40%	15%

二次风				播料风风压
后墙下	后墙上	前墙下	前墙上	
20%	25%	15%	25%	3.8kPa

2. 燃烧调整过程

21MW 负荷的燃烧调整，从 2012 年 3 月 14 日开始，到 2012 年 3 月 17 日结束。

整理后的锅炉燃烧调整数据如表 5-12 所示。

3. 21MW 锅炉负荷时燃烧调整结论

在进行 21MW 负荷的锅炉燃烧调整时，入炉物料热值为 6590kJ/kg，水分为 59.73%，排烟水分为 60%。

（1）取料机开至 93%，转臂转数为 75%，给料机频繁堵料。

（2）炉膛频繁冒正压，锅炉燃烧难以稳定。

（3）炉灰含碳量为 21.38%。

四、锅炉燃烧调整最后结论

（1）不同负荷下的指标对比见图 5-2。

（2）15、18、21MW 负荷时的锅炉经济技术指标比较见表 5-13。

（3）经过 15 天的锅炉燃烧调整，得出如下结论：

1）依据现在的燃料水分（60%），在锅炉设备未进行改造前，已经将进入炉膛的燃料调整到最大（95%），锅炉负荷只能达到 21MW。

2）锅炉燃烧时释放出大量的水蒸气，造成了燃烧的不稳定，不完全燃烧增加。

3）燃烧调整时，发现了难以克服的问题，即锅炉的构造尤其是烟道设计长了 30m，不能适应 60% 水分的燃料所产生的强烈扰动，不能克服因烟道阻力增加后而造成的烟速变化。

表5-12　整理后的锅炉燃烧调整数据

班次	有功功率(MW)	厂用电率(%)	燃料量(t/h)	燃烧热值(kJ/kg)	炉膛温度(℃)	省煤器温度(℃)	蒸汽流量(t/h)	炉渣含碳量(%)	炉灰含碳量(%)	飞灰含碳量(%)	含水量(%)	送风压力(kPa)	引风压力(kPa)	高端一次风量(t/h)	中端一次风量(t/h)	低端一次风量(t/h)	播料风压(kPa)
白班	19.1	14.19	436	6281.27	820	346	90	2.29	7.53		62.31	5.0	−1.8	40	40	15	3.8
夜班	18.1	12.4	672	5963.82	825	351	88	1.47	14.76		61.82	5.0	−1.9	39	40	13	3.9
白班	18.1	14.4	373	5338.14	830	349	87	1.12	9.35	7.7	65.49	5.2	−2.1	32	32	11	4.0
中班	19.1	14.15	297	5261.00	781	347	89	2.62	8.80		59.68	5.3	−2.2	36	40	13	4.1
夜班	17.5	14.46	303	6948	788	346	82	1.42	18.84			5.1	−2.1	39	40	14	3.8
白班	15.1	12.57	337	5666	786	357	81	1.08	9.33	7.83		5.2	−2.1	40	40	15	3.8
中班	20.7	12	338	5921	786	326	81	2.37	46.46	7.8		5.2	−2.1	40	40	15	3.8
夜班	16.9	14.2	307	6031	754	339	78	2.45	14.3	8.2	60.24	5.2	−2.1	40	40	15	3.8
白班	17.1	15.58	307	5577	786	368	88	1.84	23.7	7.82	61.3	5.2	−2.1	42	43	12	3.8
中班	19.5	13.79	303	6387	809	351	95	2.72	15.52		59.7	5.1	−2.0	44	40	12	3.8
夜班	16	15.25	264	6143	765	353	78	2.83	11.34	7.50	63.23	5.0	−1.9	40	42	12	3.8
白班	20	13.57	304	7305	801	357	96	2.67	22.07	11.06	66.28	5.1	−2.0	42	40	12	3.8
中班	20	13.3	329	6235	778	360	97	1.99	20.1	7.76	58.9	5.2	−2.1	40	42	15	3.8
夜班	17	14.02	259	6520	812	350	82	2.46	17.84	13.25	56.98	5.1	−1.9	40	40	12	3.7

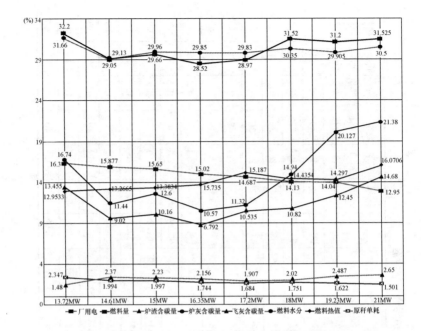

图 5-2　不同负荷下的指标对比

表 5-13　　15、18、21MW 负荷时的锅炉经济技术指标比较

负荷 （MW）	厂用 电率 （%）	燃料量 （t/h）	热值 （kJ/kg）	含水量 （%）	取料机 开度 （%）	灰含 碳量 （%）	原秆 单耗 （J）	排烟 温度 （℃）
15.3	15.48	317	1327	59.71	75	11.05	2593	118
18.2	14.2	337	1426	61.64	85	14.2	2317	125
20.5	12.99	315	1603	59.73	93	21.38	1920	130

注　入炉燃料量为一个班 8h 的燃料消耗量，单位为 t。

4）锅炉负荷控制在 70% 以下时（21MW），燃烧基本稳定，各项运行参数正常，基本不会形成锅炉冒正压，灰中可燃物可以接受。

5）锅炉燃烧恶化的临界点在 21MW，大于这个负荷，燃烧就会急剧变化，良性的燃烧马上就转换为不完全燃烧，生成的不完全燃烧产物就会急速增加。

6) 阴雨季节时的入炉燃料（热值小于 6500kJ/kg、水分大于 60%），经过近一个月的燃烧调整，锅炉负荷大于 75%、21MW 以上时，灰的含碳量就会急速增加，生成严重的燃烧不完全。

五、锅炉长期带低负荷容易产生的问题

（1）锅炉尾部烟道积灰。

（2）锅炉效率低，达不到设计要求，不能保障排烟温度（排烟温度每降低 10℃、锅炉效率降低 1%）。

（3）长期低负荷，完不成生产计划，没有利润，造成亏本经营。

（4）相应地增加了设备损耗，增加了检修成本。

（5）烟气温度低，受热面容易造成低温腐蚀。

（6）炉膛温度低、造成主蒸汽温度低。蒸汽焓值降低，影响了机组效率。

六、改进措施

1. 改变燃料湿度

燃料是锅炉燃烧的基础，只有改变燃料的湿度，才可以达到锅炉经济运行的目的。

（1）利用天气，加强晾晒，保持燃料水分在 40% 以下。

（2）增加一台燃料压榨设备，利用机械的挤压除去燃料中的水分，并且将燃料挤压成球状，减少毛绒状燃料的上移燃烧，以利于完全燃烧。

对辊造粒机是一种可将物料制造成特定形状的成型机械，如图 5-3 所示。

2. 设备改造

进行锅炉设备改造，以适应燃

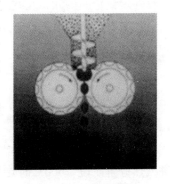

图 5-3　对辊造粒机

料湿度大的特点。

（1）增加遮焰角。

1）将炉膛出口水冷壁管，隔四根抽出一根，阻隔火焰上移，形成旋转气流，起到增加燃烧时间的作用。

2）遮燃角将增加流经过热器的烟气流速，利于热交换。

3）遮焰角的阻流作用，有利地减少了尾部烟道受热面的积灰。

4）遮焰角增加了锅炉饱和受热面，利于提高锅炉热容量。

5）遮焰角增加了流通阻力，会使引风机功率增加。

（2）在2～3烟气回程里增加旋流挡板。

1）利用旋流挡板分离烟气中的可燃物，以减少尾部烟气里可燃物的含量，保护设备，提高锅炉效率。

2）改变烟气的流速，增加烟气的扰动，利于热交换。

3）分离下来的可燃物，可以回收、再次燃烧。

七、结束语

锅炉燃烧调整是有限的手段。不能保障入炉燃料的干燥，减少燃料中水分的含量，将燃料水分降低到45％以下，就无法保障锅炉良好燃烧、降低不完全燃烧份额、达到理想的锅炉经济效率。

适应燃料的湿度，对生物质锅炉的炉型提出了要求，绝不能照搬外国锅炉的设计。北欧国家入炉燃料相当干燥、用手一捏就碎了，需要根据国情选择炉型。

5.9 烟秆不能作为生物质锅炉燃料的建议

烟秆作为制烟业的废弃物，是否可以作为生物质锅炉的燃料，具体分析如下：

（1）烟秆的热分解温度高，炉膛温度到了480℃时，才可以进入热分解阶段，600℃时热分解完成。其他生物质燃料的热解温度要低得多。

生物质被加热，温度升高，达到一定温度时开始析出挥发分，就是一个热分解过程。

（2）烟秆在炉膛温度为 260℃时析出焦油，由于焦油具有极强的黏结性，锅炉受热面易积灰、结焦。烟气中的油污极易黏沾到除尘器布袋上面，黏度极高的烟油容易捕获灰中的可燃物，在可燃温度下产生自燃现象，烧毁布袋。

（3）烟秆在 300～400℃时放出大量的浅黄色浓烟。烟气在锅炉释放时，阻断着火焰的传播，很难建立炉膛热容量，锅炉燃烧不能稳定、连续。

（4）烟气里的焦油影响了风烟的传递、流动，锅炉各受热面浮着了一层黑色的油污，堵塞炉排风眼，限制了一次风的使用。

（5）有资料证明：烟秆只有炉膛温度在 800℃以上时，才可能形成固定碳的明火燃烧。生物质锅炉的炉膛燃烧区域温度，一般都在 800℃以下，所以烟秆在锅炉燃烧里，只是吸收了大量的热量，以烟气的形式再放出热量，很难以火焰的形式出现。

（6）拿着一根烟秆、一块木杆做实验。打火机可以点燃木块，烟秆只是冒烟、不能形成明火。利用启动锅炉实验，在燃烧强烈时，加入烟秆，只能看到烟气、看不到明火。

（7）由于烟秆燃烧生成的烟气有阻燃的作用，炉膛上部燃烧不可能完全，烟气里的可燃物含量降不下来，极易形成尾部烟道的二次燃烧，损坏设备。

（8）国内有一个 135MW 的流化床锅炉，燃烧烟秆，造成尾部烟道积灰、水冷壁结焦、风帽糊住，几乎使锅炉报废，后来被迫放弃了以烟秆作为燃料。

经过查证资料，烟秆可用于提取焦油、制造化肥。

经过一个多月锅炉燃烧时的经验，烟秆很难形成明火燃烧，无法形成稳定的燃烧工况，只能损毁设备。

事实证明：生物质锅炉燃烧烟秆弊大于利，应该废弃。

5.10 除尘器投入的技术措施

除尘器投入后温度控制不好，可燃物进入容易烧坏布袋。

一、投入的步骤要求

（1）投入 0.5h 即解列观察。

（2）再次投入 1h 解列观察。

（3）最后投入才能长期运行。

二、除尘器投入的技术措施

（1）保持锅炉燃烧稳定，锅炉不能冒正压运行。

（2）锅炉负荷维持在 75% 以上。

（3）进入布袋除尘器的烟气温度维持在 120℃ 以上。

（4）投入前要进行布袋喷涂和银光粉查漏。

（5）投入前烟气中的含灰量要大幅下降，灰的颜色呈灰白色，取样分析在 12% 以下。

（6）炉膛冒正压或者燃烧不稳定时，立即解列除尘器，投入烟气旁路。

（7）投入后要密切注意烟道负压和引风机电流变化。

（8）投入后不能立即投入布袋喷吹，防止喷涂掉落。

（9）锅炉排烟温度小于 90℃、大于 160℃ 时，解列除尘器运行。

（10）引风机前烟气压差大于或等于 3kPa 时，关闭主路，开启旁路，清灰系统继续运行，待压差≤1.5kPa 时，切入主路，关闭旁路。并持续清灰至 800Pa，再停止清灰。

（11）投入布袋除尘器严格按照运行规程执行，提前投入灰斗加热器。

（12）投入时，要做好燃料的掺配工作，防止锅炉负荷大幅度的波动。

（13）除尘器投入后，要定期到现场检查，发现灰中有火星时，立即切换旁路运行。

（14）布袋除尘器投入后，检查灰斗和输灰管路，必须保持畅通。

5.11　锅炉存在问题的诊断、分析及处理措施

一、发现的问题

（1）除尘器除尘效果不好，烟囱冒黑烟。

（2）送、引风机烟风道腐蚀、漏风。

（3）给料机晃动、串轴。

（4）四级过热器有高温腐蚀现象。

（5）尾部受热面磨损。

（6）炉膛温度显示不准。

（7）氧量显示不准。

（8）给水和减温水没有投入自动。

（9）一些汽水阀门和风门挡板内漏。

（10）1号捞渣机箱体变形，捞渣机刮板变形。

（11）保护投入率没有达到100%，下二次风电动机不能操作。

（12）有些短吹灰器不能备用。

（13）燃料含灰量大、杂质多。

（14）下料口没有醒目的安全标志。

（15）尾部烟道腐蚀、引风机叶轮磨损。

二、锅炉燃烧

（1）低端一次风40%时，经观察低端炉排靠近下渣口处已经没有明显的火焰，不需要大的一次风吹动。炉排高温区域集中到炉排的高中端，应该加强高中端的燃烧。

（2）下二次风应该尽量加大，以满足高温区域的用风量，促成高浓聚区的强力燃烧。

（3）30MW负荷时的排烟温度在140℃以上，高的排烟温度降低锅炉效率。尝试调整上二次风，将排烟温度控制到130℃

以下。

三、锅炉过热器高温腐蚀、磨损

1. 高温腐蚀的原因分析

生物质锅炉过热器的高温腐蚀因为是生物燃料中含有大量的碱金属的氯化物和少量的硫化物，这些碱金属的氯化物和硫化物在高温（约 550～900℃）缺氧条件下变为黏稠和熔化状态附着在水冷壁外表面，破坏氧化膜，当与氧气接触时，氯被部分置换出来，强氧化性的氯再次腐蚀管材。被置换后氧化物形成了最终的氧化皮。氧化皮层层剥离，蒸汽管子不能承受内在压力时，就产生了爆管现象。

温度是腐蚀产生的条件之一，只有在高温条件下，碱金属的氯化物和硫化物发生熔化时才会造成严重腐蚀。

2. 解决的方法

（1）降低火焰中心，控制炉膛出口温度，不能超过 600℃。

（2）利用吹灰减少浮灰在过热器管的积聚，降低碱性腐蚀。

（3）保证锅炉连排、定排质量，保障汽水品质合格，防止管内结垢、流速受阻，造成受热面循环不畅，管壁过热。

（4）防止锅炉过负荷运行，尤其是不能产生二次燃烧。

（5）减少燃料中的灰分，减少烟气中的携灰量。

3. 降低受热面磨损

（1）尽量降低燃料中的灰分含量。

（2）尽量降低烟气流速。

（3）受热面管道布置要均匀，避免烟气涡流、斜流、集束流形成的强烈冲刷。

（4）在冲刷强烈区域的管道加装防磨护板。

（5）检查吹灰器角度，不能长期对着一个部位。吹灰前疏水要彻底。

四、建议及优化措施

锅炉汽压达不到额定值，长期的低汽压，汽耗增加，降低了锅炉效率。

（1）给水温度、主蒸汽温度都需要接近额定值。

（2）在炉水和蒸汽品质合格时，减少锅炉排污量。

（3）检查锅炉漏风要形成常规化、制度化。

（4）严格执行设备保养制度，比如转动机械加油，不能使设备带伤运行。

（5）有机会时做一次锅炉的优化调整，以使锅炉各项参数都达到最佳。

5.12 锅炉高温腐蚀的探讨

锅炉水冷壁后拱高温腐蚀造成的爆管，不到 2 个月就发生一次。爆管图片如图 5-4 所示。

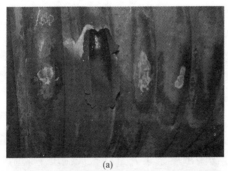

(a)

(b)

图 5-4 爆管

（a）图片 1；（b）图片 2

一、锅炉高温腐蚀生成的条件及原因分析

锅炉高温腐蚀集中发生在后拱水冷壁以上部位，腐蚀的程度惨不忍睹，高温腐蚀造成的水冷壁爆管事故频发，造成了巨大的经济损失，引起了领导和技术人员的高度重视。

经过科研单位、锅炉厂家技术人员研究决定，采取降低播料风压、减少炉排高端燃料、去除水冷壁节流圈、加强热交换等措施，未见明显效果，反而使燃烧不完全程度增加，灰渣生料排出，锅炉效率降低，具体分析如下。

1. 高温腐蚀生成的条件

（1）炉膛温度在1200℃以上，高于烟气、灰的熔点。

（2）燃料灰分所携带的碱金属浓度含量。

（3）生物质燃烧，经过一系列的化学变化，生成的还原性气氛里有氯硫化合物存在。

（4）携灰烟气在炉内的停留时间长。

（5）高浓度的碱金属烟气在炉内的运动形式。涡流、斜流改变了烟气速度，紊乱的含尘烟气，增加了与管壁接触概率。

（6）灰的熔点越低，黏度越大，烟气速度就越低，越易于粘涂到管壁上。

（7）氧与还原性气氛的比例。缺氧燃烧生成的烟气量多，容易使氯硫化合物高浓度聚集并且在较高温度下黏附，融化了的含氯灰粒黏附在水冷壁上。

（8）炉膛的形状。前、后拱利于燃烧射流的刚性和热辐射的蓄能。拱的阻力将烟气滞留回转。燃烧辐射能力加强，以烟气流向的后拱为明显例证。前、后拱燃烧区域缺风燃烧，造成结焦。

（9）生物质床层燃烧火焰充满度不够，燃烧偏斜，高于灰溶点的温度集中到后拱以下的位置。

（10）汽水品质差或集箱堵塞使管内结垢、循环不畅。

（11）管壁附着的高浓度氯气灰渣，形成了热阻，日积月累越来越多。

2. 高温腐蚀形成的原因

（1）主要燃料棉秆中钾的含量为 31.76%，导致棉秆熔点温度低。变形温度 $T_1 = 660℃$，软化温度 $T_2 = 820℃$，熔化温度 $T_3 = 830℃$。

（2）燃料中灰土量大、超过 20%，灰土在 1100℃ 时即达到了软化温度，烟气携灰黏度增加、阻力增加，极易附着到相邻的水冷壁管上。

（3）烟气里高腐蚀产物——氯气，在后拱水冷壁高浓度烟气里聚集。

（4）附着在水冷壁上的强碱性灰垢，形成了热阻，影响了热交换，使周围烟气温度居高不下，烟气里的融化灰周而复始的黏附，形成了大片腐蚀焦旋挂到水冷壁上，更深层次的加速了腐蚀速度。

（5）随着强碱性灰垢的加厚、加大，氯气对金属管壁的腐蚀越演越烈。当管壁不能承受饱和蒸汽水汽压力时，就会爆管。

二、防止高温腐蚀的方法

高温腐蚀尽管不能完全避免，但是采取疏导的方法，可以得到有效的缓解。

1. 防止高温腐蚀的基本思路

（1）降低火焰中心，在前、后拱下建立高效燃烧。缩小炉膛辐射区域，增加烟气的对流区域。提高火焰在炉排的充满度，制造一个快速衰减的炉内温度场，防止火焰直接对冲水冷壁，使前、后拱上下区域的温度低于灰熔点。

（2）加强容易爆管部位——水冷壁后拱的二次风量，以冷却该区域火焰温度，稀释高温腐蚀产物氯气的高浓度聚集，破坏融灰的组织链，减少结渣。

（3）提高燃料的燃尽程度，减少碱性烟气的浓度和大颗粒携带，缓解烟气颗粒对管壁的磨损。

（4）提高一、二次风气流速度，破坏氯气的高浓度聚集，使碱性烟气难以在受热面黏附。

（5）锅炉在强烈燃烧的时候，在高温火焰部位形成了一个负压收缩圈，大量的一、二次风交叉影响。燃烧越剧烈，影响越严重。根据这个现象，将燃烧中心控制在远离高温辐射严重区域

——后拱水冷壁。

2. 防止高温腐蚀的具体方法

（1）锅炉燃烧调整。锅炉在 30MW 负荷时，总风量由 4.5kPa 增加到 5.5kPa，播料风压由 2.7kPa 增加到 3.5kPa，氧量为 3%～5%，一次风低端由 1.7kPa 减少到 1.2kPa，中端由 2.7kPa 减少到 2.2kPa，上、下二次风开度各减少 5%～10%，形成高效穿透气流，全床着火，燃烧迅速、强力。一、二次风比以 4：6 或 5：5 为宜。最大程度地增加炉内燃烧时间，有利于燃烧完全。只有燃烧结构合理，炉内温度场依次衰减合适，才能减少烟气携灰量，灰量减少才能减缓管壁的浮着物的高浓度聚集，才可以有效地减轻氯硫化合物对管壁的侵蚀。经过燃烧调整后的观察，锅炉燃烧趋于合理。炉渣含碳量由 12% 下降到 7%，相信拱后的高温腐蚀应能减轻。

（2）在腐蚀严重部位喷涂防磨材料。

（3）搞好燃料掺配，利用振动筛减少灰土携入。

（4）保持汽水循环畅通，严格执行连排、定排制度。

（5）锅炉吹灰要彻底，建议吹灰压力由 1MPa 调整为 1.5MPa。

（6）建议停炉时，做一次播料风试验。

（7）建议停炉时，做一、二次风门的开关性能试验。

（8）锅炉点火初期就要进行实地观察，找出高温腐蚀的真正症结，制订可行的方案，以便从根本上消除高温腐蚀。

锅炉发生高温腐蚀主要在水冷壁前后拱、三级过热器、四级过热器等部位，主要因素是炉膛温度高、可燃物高浓度聚集、生物质燃料中碱性腐蚀物含量大。燃烧调整追求高强、高效，忽视了炉膛熔点温度。因此，既要考虑效率又要考虑结焦，从事物的两方面看问题，力求保持动态平衡。

5.13　锅炉高温腐蚀的燃烧调整

由于碱金属氯化物在高温条件下的腐蚀，导致水冷壁管减薄，不能承受热压力，发生了多次爆管事故，造成了经济损失。针对高温腐蚀产生的原因，特制订了锅炉燃烧调整方案。

一、锅炉产生高温腐蚀的条件

（1）炉膛温度高于 1200℃以上，火焰和烟气里的碱金属氯化物经过化学变化，使燃料中携灰熔化，碱金属融化灰浮着在后拱水冷壁上。

（2）燃料生成的灰分和燃料里所携带灰土碱金属浓度含量过高。

（3）锅炉燃烧上移、燃烧时间不足，携灰烟气在炉内的停留时间过长。

（4）高浓度的碱金属烟气在炉内的运动形式，涡流、斜流改变了烟气速度，紊乱的含尘烟气，增加了与管壁接触的概率。

（5）燃烧风量分配不合理。前、后墙二次风严重不足，配风不合理，缺氧燃烧生成了大量的还原性气氛，容易使碱性氯化合物高浓度聚集。

（6）炉膛的前、后拱利于燃烧射流的刚性和热辐射的蓄能，尤其是后拱的反射作用，将火焰集束滞留。该区域的强力燃烧穿透、回旋力形成了涡流。紊乱的热黏性气流与水冷壁接触。管壁附着的高浓度氯气灰渣，形成了热阻。热交换能力下降，结焦部位温度提高，腐蚀速率加快。

（7）床层布料不均匀，燃料集中布置到了炉排中端，火焰最强烈燃烧在靠近炉膛后拱部位，高温火焰直接烧灼后拱，大量的熔化灰积结到后拱，整体炉膛火焰充满度不够，燃烧程度不好。不完全燃烧，产生的灰量过多。

二、防止高温腐蚀锅炉燃烧调整的基本思路

（1）在无法改变燃料里碱性氯化物含量和还原性气氛生成的情况下，采取淡化氯化物、氯化物浓度不能高度聚集的方法。

（2）在不能降低炉膛燃烧中心温度，满足锅炉蒸发量的前提下，构建合理的燃烧结构，锅炉完全燃烧，构建递次速降的炉膛温度场。

（3）在播料平台未检修或更换、炉排高端没有料的工况下，加大播料风或适当地减少无料区域的一次风量，尽量使燃烧充满炉膛，防止锅炉带负荷能力降低，不完全燃烧增加，烟气携灰量增加。

三、防止高温腐蚀锅炉燃烧调整措施

1. 锅炉试验

进行风门挡板的静态试验、锅炉风量标定、动力场试验、漏风试验和播料试验，为锅炉燃烧调整提供准确的数据支持。

2. 锅炉燃烧调整技术措施

锅炉在 30MW 负荷时，总风量由 4.5kPa 增加到 6kPa，播料风压由 2.7kPa 增加到 3.8kPa，形成炉排高端燃料堆积不大于 60mm，氧量为 3%～5%，一次风低端由 1.7kPa 减少到 1.2kPa，中端由 2.7kPa 减少到 2.2kPa，前下二次风开度为 20%、后下二次风开度为 30%；后墙上二次风为 2kPa、前墙上二次风为 1.5kPa，形成高效穿透气流、全床着火，强力着火、迅速燃烧。一、二次风比以 4∶6 或 5∶5 为宜。最大程度的增加炉内燃烧时间，建立合理的燃烧结构，淡化后拱水冷壁区域的烟气温度，减少烟气携灰量，减少管壁氯浮着物的高浓度聚集，减轻氯化合物对管壁的侵蚀。30MW 工况下锅炉配风参考值见表 5-14。

表 5-14　30MW 工况下锅炉配风参考值（现在的入炉燃料）

项　　　　目		参考值
总风压（kPa）		6
氧量（%）		6
播料风风压		3.8
一次风（%）	高端挡板开度	40
	中端挡板开度	45
	低端挡板开度	20
二次风（%）	后墙下挡板开度	20
	前墙下挡板开度	30
	后墙上挡板开度	40
	前墙上挡板开度	30

具体调整视锅炉各参数变化和燃烧结构的形成进行。

3. 高温腐蚀的主要原因

经过停炉后的排查，发现了炉膛前后拱结焦严重，二次风口处也有结焦现象。在风口冷却区域结焦是不可能，遂怀疑是该区域风量不够，立即做了二次风门的性能试验。检查结果是：后墙下二次风门没有开（该门执行器坏了，不能远方操作。运行人员误认为手动开启了，实际是在全关位置）；前墙下二次风开度100%时、实际开度为30%。两个主要风门没有开，或者开不到位，自然就造成了该区域燃烧严重缺氧，产生了严重结焦现象，造成了高温腐蚀。这个问题就是高温腐蚀几次爆管的根本原因。

针对发现的问题进行了锅炉燃烧调整，加强了后拱水冷壁的用风量。综上所述，其原因是二次风门没有开启，炉墙严重缺风结焦。

5.14 锅炉一、二次风率严重失调的认识

锅炉燃烧结构一直未组织好，燃烧不完全，烟气携灰量大，炉灰含碳量15%居高不下，时有生料排出，降低了锅炉效率。

一、原因分析

（1）一、二次风配比严重不合理。以2∶8的搭配不能组织良好的锅炉燃烧结构。

（2）火焰中心上移，燃烧时间短、造成烟气携灰量大幅增加。

（3）进料不均匀、燃料堆积、以高厚燃料造成高能蓄热满足容积热负荷，使得燃烧不完全。

（4）高、中、低端一次风基本全开。锅炉燃烧的氧，基本依靠一次风，缺少了二次风迅速穿透和强力回旋，形不成良好的锅炉燃烧结构。

（5）燃料热值低，建立同等锅炉容积热负荷，需要的燃料大量增加，为了不使炉排料层过厚，就得缩短炉排振动的间隔时

间，致使燃料停留时间过短、没来得及燃烧的大颗粒燃料进入捞渣机。

（6）大量的一次风造成锅炉辐射区域增加，对流区域减少，烟气走廊里的烟气温度提高，为高温腐蚀建立了条件。

二、燃烧调整

（1）大幅减少一次风。将高端从 95％减到 50％、中端从 95％减到 60％、低端从 70％减到 30％；降低火焰中心，增加燃烧时间。

（2）大幅增加二次风。将前墙从 10％增加到 35％、后墙从 0％增加到 15％、燃尽风从 0％增加到 20％。加强了锅炉燃烧的穿透力，将燃烧中心置于离开炉排 2m 的范围，造成了一个递次减弱的炉内温度场，构建一个良好的锅炉燃烧结构。

三、燃烧调整后的结果

经过增加二次风、减少一次风后，燃烧调整燃烧结构有了改变，火焰监视出现了金黄色，灰渣含碳量由 15％以上下降到 10％以下。然而，带负荷能力下降了，主要是炉排料层的减少使蓄热量降低了，一个新的燃烧方式取代原来的燃烧方式，需要经过运行的检验。锅炉燃烧调整就是事物的两个方面，有利也有弊，需要经过经济技术比较才能确定。

四、锅炉运行方式分析

130t/h 黄秆锅炉的燃烧，多年来采用加大一次风（90％、90％、80％），减少二次风（前墙 0％、后墙 15％、燃尽风 0％）的燃烧方式。这样的方式尽管背离了生物质床层燃烧技术的 3/7 或 4/6 的一、二次风的配风原则。在入炉燃料水分大于 40％、热值小于 6688kJ/kg 时，利用多烧一些燃料单耗的方法、保障锅炉负荷的做法虽然是无奈之举，但长期以来就具有了一定的合理性。许多锅炉，尤其是黄秆锅炉都没有遵照国外的配风原则，其中必有一定的合理性，需要研究。锅炉运行方式的分析如下：

（1）当燃料水分大于 40％时，加入大量的一次风有利于燃料的预热、干燥和气化。高负荷需要大量的燃料，需要炉膛有很高的蓄热能力。燃料在炉排大量的堆积、需要强劲的一次风穿透。

（2）一次风在穿透料层的时候，起到了扰动和助燃的作用。锅炉燃烧在缺失二次风扰动的情况下，尽管不能形成高强燃烧，但是，稳定的炉内工况也可以保障较高的负荷。

（3）在燃料水分大、构建高强燃烧的时候，二次风大量混入会迅速降低炉膛温度。运用一次风的动力燃烧，可以保障基本的锅炉燃烧温度。无论用什么方法都要保证炉膛温度。炉膛温度是锅炉燃烧的基础，只不过这样的燃烧炉膛温度不会太高，因为，它既不是合理的高效燃烧也不是良性的燃烧循环，火焰中心偏下，炉膛温度一般维持在 $1000℃$ 左右。

（4）这种一个回程简单的燃烧方式，形成大量的炉渣放热，并且，在炉膛上部区域温度直线下降，烟气里的可燃物不可能重复燃烧，使飞灰可燃物居高不下。炉膛顶部的三级过热器温度不可能太高，产生欠焓运行。

（5）在这样的工况下，再加强二次风已经起不到构建强烈燃烧结构的作用了。只会以烟气量增加的形式降低炉膛温度，造成排烟温度升高，形成化学不完全燃烧热损失。

（6）这样的锅炉燃烧一定要保持热风温度，以利于高水分燃料的预热和气化。

通过关闭预热器旁路的方法热风温度由 $167℃$ 上升至 $197℃$。

（7）炉排振动根据料层厚度和排渣情况决定，以渣色灰白、不出生料为宜。

（8）锅炉燃烧标杆单耗居高不下的原因，主要是锅炉温度不够高，不能完全燃烧。生成的烟气量太多、烟气里的携灰量太大。

（9）也许运行方式不是正确的，可是在燃料水分大、热值低的燃烧工况里，锅炉燃烧调整就是需要从正反两个方面进行探讨，扬长避短，从中找出最大的优化方式。

五、理想的锅炉燃烧

当燃料水分小于 30%、燃料热值大于 7530kJ/kg 时，锅炉燃烧可以采取加大二次风、构建强烈燃烧的方式，提高锅炉效益。

1. 现状分析

（1）一、二次风配比不合理。仅以一次风的作用不能组织良好的锅炉燃烧结构，形不成强烈的燃烧工况。

（2）燃烧仅停留到一个区域里，燃烧时间短，造成烟气量、烟气携灰量大幅增加。

（3）进料不均匀，燃料堆积在炉排高、中、低端；燃烧不完全，大量可燃气体随着烟气逸出。

（4）高、中、低端一次风基本全开。锅炉燃烧的氧，基本依靠一次风，缺少了二次风的迅速、迎合穿透和强力回旋，形不成高效的锅炉燃烧结构。

（5）燃料热值低，未能建立起良好的锅炉燃烧。建立同等锅炉容积热负荷，需要的燃料大量增加，为了克服厚料层不得以加大一次风，致使二次风不能加入。为了不使炉排料层过厚，就得缩短炉排振动间隔时间，致使燃烧停留时间过短，燃烧很快就衰退到了可燃质无法燃烧的温度。没来得及燃烧的大颗粒下行进入捞渣机、上行循着烟气进入尾部烟道。

（6）大量的一次风造成锅炉对流区域增加、辐射区域减少，烟气走廊里的烟气量增加，造成热量损失。

（7）由于燃料水分大于 40%、发热量低于 6700kJ/kg 左右，当锅炉燃烧时，炉内就会形成水蒸气，释放吸热；然后，才是燃烧放热的过程。锅炉里大量的水蒸气降低了炉膛温度，加入的氧在水蒸气的环绕下，形成屏障，难以与火焰进行充分混合。一次风所带的氧量已经不能满足燃烧的需要，以致燃烧缺氧。

（8）锅炉带高负荷困难，增加锅炉负荷，就需要增加给料量和风量。现在的一次风已经达到极限，燃料厚度也达到了极限。低热值、高水分的燃料燃烧时，形成的膨胀气雾充斥炉膛，超过了锅炉设计所允许的极限，锅炉没有足够的空间容纳吸热、放热过程，瞬间产生的烟气体积急剧变大。炉排振动时因水蒸气释放产生一次炉膛正压，然后，又因新负荷建立再一次产生炉膛正压。产生多大的正压就会产生多大的负压，在极强烈的扰动下，正、负压剧烈波动，造成了明显的动态不平衡。从燃烧扰动到燃烧平衡、锅炉始终在这样的工况下，就不能形成较高的容积热负荷，燃烧强度将不够，无法生成满足高负荷需要的热量，并且带来大量的燃烧不充分所造成的不完全燃烧。

2. 燃烧调整思路

（1）大幅减少一次风。将高端挡板开度从 95％ 减到 60％、中端挡板开度从 95％ 减到 60％、低端挡板开度从 80％ 减到 50％。降低火焰中心，增加燃烧时间。

（2）大幅增加二次风。将前墙挡板开度从 0％ 增加到 35％、后墙挡板开度从 15％ 增加到 35％、燃尽风挡板开度从 0％ 增加到 20％。加强了锅炉燃烧的穿透力，将燃烧中心置于离开炉排 2m 的范围，造成了一个递次衰减的炉内温度场，构建一个良好、强劲的锅炉燃烧结构。

（3）关闭下部点火风。

（4）根据燃料质量、料层厚度调整振动炉排，以间隔 400s、振动 11s、振动频率为 88Hz 为宜。

（5）炉膛漏风率小于 4％。

根据以上的原则调整锅炉燃烧，将促成锅炉高效燃烧和良性循环，期待试验验证。生物质锅炉风率是一个新课题，有待进一步去研究。

5.15　锅炉排烟温度高及引风机振动分析

某生物质电厂，锅炉燃烧结构良好，各项参数大多在设计范围，经济指标在可控范围，但是还有以下的问题：

一、排烟温度高（30MW 时 150℃）

1. 原因分析

（1）燃料灰分大，超过 25％。锅炉燃烧时可燃物在灰粒的包裹下，在强力燃烧区来不及完全燃烧，导致锅炉燃烧上移，生成高浓度烟气，排烟损失成为了最大热损失。

（2）燃料热值大大低于生物质锅炉的设计值，建立同等锅炉容积热负荷需要的燃料量大。

（3）炉膛漏风使炉膛温度下降，一部分未燃尽的燃料进入尾部烟道，提高了烟气温度。

（4）大量的烟气携灰造成了尾部受热面积灰，热交换能力降低。

（5）上层二次风使用偏小、火焰中心上移、炉膛温度场递次衰减不合理。

（6）锅炉设计不能适应高灰分、低热值燃料所生成的高浓度烟气量。

2. 建议

在无法改变入炉燃料的现状时，建议采取以下措施。

（1）增加上层前后二次风至 50％，尽量控制高效燃烧区在距离炉排 2m 内。

（2）减少炉排振动间隔时间，由 600s 改为 400～480s，使炉排低端有一部分燃烧，减少炉排低端燃烧死区。尽量使全床布满火焰，以增加炉膛火焰充满程度。

（3）将播料风压由 4.3kPa 减至 4.0kPa，避免炉排高端区域燃料堆积太高，生成大量的还原性气氛，影响火焰的穿透。

（4）加强锅炉吹灰和定期排污，清洁受热面的内外壁，提高热交换效率。

二、引风机振动

1. 原因分析

（1）烟气中携灰量太大，在高流速的作用下，进入引风机。

（2）除尘器布袋损坏严重，除尘效率下降。

（3）预除尘器下部输灰设备设计不能满足出灰量，致使预除尘出灰器出口门不能全开，容易堵灰、没有达到增加了一台预除尘器的效果。

（4）由于长期飞灰磨损，引风机叶轮磨损，动平衡不好。

（5）由于锅炉漏风，尤其是除尘器上部漏风，加大了引风机的液力耦合器开度。

2. 建议

（1）降低入炉燃料里的灰量。

（2）进行锅炉燃烧调整，达到锅炉燃烧完全。

（3）改造预除尘器下面的输灰设备，使三台预除尘器出灰门全开，带走 85％的设计灰量。

（4）封堵锅炉和除尘器漏风，减轻引风机压力。

（5）更换合格的除尘器布袋，提高除尘效率。

5.16   锅炉燃烧结构不合理的分析

国内第一代 30MW 黄秆锅炉，自 2007 年投产后存在许多问题。尤以下面的锅炉燃烧结构不合理问题最为突出。

1. 现象分析

（1）锅炉燃烧不完全、燃烧程度不好、有部分红灰排出，灰渣含碳量为 15％、炉灰含碳量在 10％以上。烟囱冒黑烟。

（2）燃烧中心上移，炉内燃烧时间不够，锅炉排烟温度高至 150℃。

（3）入炉燃料灰分大，建立同等锅炉蒸发量需要的燃料量大于设计值。

（4）燃烧区域后移，锅炉高效燃烧集中到炉排的中后部，炉膛低端大部分区域仍然存在燃烧，炉排高端区域只是表层着火，锅炉没有形成全床燃烧。

（5）燃烧生成的烟气——还原性气氛里携灰量大，影响了火焰的交叉穿透，进一步降低了燃烧程度。

（6）炉排燃料过高的厚度，降低了一次风的穿透能力。为了不使落渣井出现红灰，炉排采用了 780s 较大的振动间隔，又进一步造成了高厚燃料的堆积，使一次风无法穿透燃料，形不成燃烧浮动，使得燃料不能迅速地建立高强燃烧。

（7）锅炉配风不合理。燃尽风使用太少，没有及时地给予未燃尽燃料以氧量，没有充分利用炉膛的高度，形成层次燃烧，使得不完全燃烧产物形成了高温烟气，逐步提高了排烟温度。

（8）炉排高端错误地使用了点火风，降低了高端区域的温度，加上高端燃料的堆积，使高端不能燃烧，造成了锅炉燃烧后移，相应地缩小了炉排的利用面积，使大颗粒燃料烧不透。

（9）锅炉超负荷运行，产生锅炉蒸发量就需要增加燃料，锅炉炉排不能承受超出设计的容积热负荷、所造成的火焰辐射力和烟气容积的增加，这样不仅使燃料单耗增加，而且使得排烟温度升高，受热面磨损加剧。

（10）烟气携灰量大、尾部烟道积灰、炉水品质不好、管内结垢，影响了热交换，也造成了排烟温度居高不下。

（11）烟气携灰容易造成烟气走廊偏斜、形成集束流，烟气里的颗粒冲擦尾部受热面，在集束流、折射流最集中的部位形成磨损，当管壁不能承受管内压力时，造成泄漏或爆管。

（12）进料不均衡使炉排出现了凹凸现象，影响了锅炉配风。

2. 建议

（1）进行锅炉燃烧调整，尽量多产生炉渣、少生成炉灰，以利于减轻尾部受热面的磨损，降低排烟温度。

（2）尽量降低炉排高端燃料堆积，形成高端区域着火、全床层次燃烧。建造一个高效燃烧、火焰充满、递次衰减的炉膛温度场。

（3）一、二风比例以 6：4 为宜，尽量将强力燃烧集中在二次风口周围，以最快的燃烧速度达到最好的燃烧程度。尽量开大上层燃尽风，增加该区域氧量，以利完全燃烧，降低锅炉出口温度。

（4）保持炉排高端温度，正常运行时下部点火风不宜开启，以保持该区域温度，以利全床燃烧。

（5）炉排燃料厚度降低后，找出一个合适的炉排振动和间隔时间，一般以480～600s为宜。

（6）提高锅炉吹灰压力至1.5kPa，保持受热面清洁，提高热交换能力。

（7）养成看锅炉火的习惯，掌握好进料量，根据燃烧结构进行燃烧调整。

（8）想办法改变经常堵料的问题，如增加燃料粉碎设备，缩短燃料尺寸。

如果建立了一个良好的锅炉燃烧结构，相信锅炉不完全燃烧热损失、排烟温度将会达到一个理想的可控指标。

5.17　锅炉炉排低端灰渣烧不透的分析

锅炉燃烧生成的灰渣可燃物达到30%，尤其是炉排低端有不少未燃尽的燃料从捞渣机排出，严重影响着生物质电厂的安全经济运行。

一、现状

（1）燃料灰分大。燃料主要以棉秆、树皮、玉米秸秆为主。燃料里掺入了大量的土，灰分含量高于35%。

（2）燃料适应性差。黄秆锅炉只设计了一层前后墙二次风、前墙上面是一排燃尽风、下面是点火风。但是入炉大多是灰秆燃料，硬质燃料燃烧时间长，缺少氧的补充。

（3）给料机容易堵料。20、30号线变径螺旋给料机改造为等径螺旋后堵料问题得到了缓解，但是水冷套不容易形成料塞。10、40号线在取料量大于30%时，还是容易堵料。

（4）锅炉设计不能适应入炉燃料。产生同等容积热负荷时，由于燃料热值低、灰分大，就得加入超出锅炉燃烧设计的燃料，造成炉排料层厚度增加，不容易烧透。随着炉排振动，大量未能燃烧的燃料混合着不能燃烧的灰土，进入炉排低端，形成厚料层。炉排低端是二次风的死区，温度低、一次风又不能穿透料层，因此生成了焦渣。

（5）三级过热器容易超温。由于料层高于设计的厚度，就必须加大风量，造成了截面热负荷增加、炉膛温度场上移。

（6）振动炉排时炉膛正压大。料层太厚，振动炉排时燃烧扰动太大，最大时 1.2kPa。

（7）除尘器堵灰。燃料里的灰土量大、燃烧不完全，产生了高过除尘器设计能力的灰量，造成了堵灰。

（8）运行人员经验不足，大多是新手，缺少锅炉燃烧经验，对于锅炉燃烧的复杂性没有深刻的认识。

二、锅炉燃烧分析

燃料经过挤压通过水冷套，在柔性管上堆积，经过高端一次风和点火风迅速穿透，形成了强烈的气化作用，生成的浓烈还原性气氛在高温下燃烧，炉排中端燃料迅速与强劲的二次风混合，形成了高效燃烧。

锅炉燃烧在满足容积热负荷时，燃烧中燃料里的灰土太多，将形成燃烧与氧迷漫的屏障。为了克服这种障碍就必须增加风的压头，以高速的穿透和强烈的燃烧翻滚破坏并影响燃烧的氛围。产生的结果如下：

（1）烟气速度加快，烟气携灰量大量增加。

（2）燃烧完成后的灰土向炉排低端转移，造成炉排低端厚度太大。低端里许多来不及燃烧的较大颗粒，在低端死区随着炉排振动排出。

（3）由于锅炉设计与燃料的不适应，产生了床层燃烧技术与入炉燃料无法调和的矛盾，造成了机械不完全燃烧居高不下。

三、锅炉燃烧调整的思路

（1）在炉排中端一定高度，制造一个强力的燃烧中心，以保障燃烧完全，减少不完全燃烧。

（2）加强炉排振动。保持炉排燃料较薄的厚度，利于一次风的穿透；以期炉排低端还能继续燃烧，最大可能地减少不完全燃烧产物的增加。

（3）利用燃尽风和降低火焰中心的方法保障三级过热器不超温。

（4）加强燃料的掺配。在保障负荷的同时，掺配一些易于燃尽的轻型燃料。

（5）运行人员勤于观察、勤于思考，摸索出一套符合锅炉燃烧实际的运行方式。在 25MW 以上负荷工况下锅炉配风参考值见表 5-15。

表 5-15　　在 25MW 以上负荷工况下锅炉配风参考值

项　目		参考值
总风压（kPa）		8
氧量（%）		4～8
一次风（%）	高端挡板开度	60
	中端挡板开度	65
	低端挡板开度	60
二次风（%）	后墙挡板开度	55
	前墙挡板开度	50
	点火风挡板开度	15
	燃尽风挡板开度	20～80
炉排振动（s）	间隔时间	300
	振动时间	11
频率（Hz）		88

锅炉生成焦渣除了炉膛温度高的原因以外，最主要的是燃料里面的土多。土的黏性造成生物质燃烧时炉排结焦的论证还有待进一步研究。

5.18　降低锅炉排烟温度的基本思路

130t/h 灰秆锅炉排烟温度达到 150～160℃，多年来居高不下，影响了锅炉的经济效率。如何降低排烟温度，应从以下几个方面考虑：

一、降低火焰燃烧中心、减少烟气生成量

构建合理的燃烧中心，在下二次风口区域建立高强度燃烧。一次风能够涌动、穿透料层，利用强劲的下二次风在炉排上形成高效燃烧区；使 80％ 的燃料燃尽，减少生成的烟气上移。需要的条件如下：

（1）入炉燃料灰分小于 20％。

（2）入炉燃料水分小于 30％。

（3）入炉燃料热值大于 7000kJ/kg。

（4）炉膛漏风率小于 2％。

（5）炉膛温度大于 800℃。

（6）热风温度大于 200℃。

（7）给水温度大于 200℃。

（8）锅炉燃烧符合生物质床层燃烧技术的基本原则。

（9）床上燃料均匀、无堆积现象，料层播布到炉排中端以后区域。

（10）一次风能够涌动，穿透燃料。

（11）尽量加强下二次风、减少上二次风。

二、降低锅炉烟气温度、增加热交换

利用炉膛的高度和长度，构建一个迅速递减的对流区域。在三级过热器以后，不允许有燃烧的火星出现，灼热的烟气在尾部受热面热交换过程中温度逐级下降。需要的条件如下：

（1）尽量减少上二次风，防止过热区域燃烧，减少烟气量的生成。

（2）加强吹灰，保持受热面清洁、减少热阻、增加热交换面积。

据了解水冷壁有结焦现象，出料口处严重。

（3）保持汽水循环能力，省煤器泄漏不可采取堵管的方法处理。

（4）低端出口灰层保持 20～30mm 的厚度。

（5）保持高效的炉内燃烧辐射段，使过热器以后的烟气呈对流形式出现。

（6）保持除灰系统效率大于 98％，尤其是三个预除尘器要满负荷运行，不可限制其出力（该电厂因预除尘器灰量太多又增加了一台预除尘器）。

（7）保持除盐水质、防止受热面管内结垢，影响热交换。

（8）尾部烟道要畅通，防止烟气出现旋流。烟道底部和转向部位要设置放灰管。

（9）各个区域的压力、温度、氧量、流量等计量表计需要校对准确。

（10）锅炉点火前，需要完成锅炉空气动力场、漏风、播料、风量标定、风机性能等试验。

三、利用给水温度改变烟气冷却器区域温度

锅炉点火中利用给水温度的温差，改变烟气冷却器温度效果显著。正常运行时，可以进行试验。

（1）给水温度的提高可以增加机组热效率。

（2）降低给水温度，理论上可以改变烟气冷却器热交换，改变排烟温度，只是还需要比对机组热效率进行探讨。

（3）利用降低给水温度改变排烟温度的方法没有增加一组尾部受热面的方法好。

锅炉排烟温度是对锅炉效率影响最大的一项。现在生物质电厂的锅炉损失最大的一项就是排烟量太大，直接降低了锅炉效率。

5.19　燃料水分、灰分太高时的燃烧调整

130t/h 灰秆锅炉，长期以来带不满负荷，燃料质量是主要问题之一。

一、原因分析

1. 燃料水分大

入炉燃料水分一般在 40%～50%（瑞典国际燃烧中心试验报告指出燃料水分大于 45%，就很难组成锅炉燃烧结构），这样的燃料进入炉膛，在预热和气化过程中释放出大量水蒸气，降低了炉膛温度。根据水变为水蒸气体积扩大 1200 倍的理论，生成的水雾烟气像淋雨喷雾一样缭绕在火焰周围，抑制着火焰的长度和刚性，锅炉无法构造强力燃烧。

在燃烧放热过程中，大量的水雾生成使得可燃质与氧的结合形成屏障，不但制约着锅炉容积热负荷，而且烟气流速的增加形成了极大的烟气阻力，使引风机液力耦合器开度增加。

（1）炉膛温度降低、高效燃烧不能形成。烟气携灰量增加，尾部受热面磨损速率增加。

（2）炉膛燃烧无力、刚性不够，动力燃烧区域燃烧不完全。

（3）为了克服产生的烟气阻力，引送风机液力耦合器开度增大，增加了厂用电率。

（4）烟气中水蒸气充斥在锅炉尾部烟道里，其中的酸性物质加速了烟气冷却器、省煤器的腐蚀。

（5）水分使燃料吸热过程增加，烟气容积增加，剧烈燃烧无法生成，生成不了足够的容积热负荷。

2. 燃料灰分大

入炉燃料灰分大于 40%，高浓度灰阻隔着可燃物燃烧。锅炉燃烧时混入的风量，需要穿透灰垢层，才能与燃烧混合。大量用于燃烧的风量消耗在料层、灰层的扰动中，氧气不能与可燃质迅速反应，建立起燃烧结构。紊乱的燃烧产生的后果如下：

（1）锅炉燃尽困难、机械不完全燃烧损失增加。

（2）燃烧形不成强烈穿透、回旋、吸引的作用。

（3）料层厚度、结焦性的增加，迫使炉排加速振动，锅炉灰渣放热损失加大。

（4）燃烧配风困难，既要保持风的穿透、使氧气迅速作用到可燃质，又要保持炉膛温度，无法形成充分的空气动力脉动，很难构建较高温度的锅炉燃烧中心。

（5）锅炉蓄热能力不够，燃烧的热惯性不能迅速建立，锅炉很难带高负荷。

3. 燃料热值低

入炉燃料的热值为 5600kJ/kg。低热值燃烧的特点如下：

（1）火焰长度短。

（2）火焰刚性弱。

（3）火焰引燃性差。

（4）建立同等锅炉热负荷需要的燃料量增加。

（5）机械磨损速率增加。

4. 播料不均匀

由于锅炉配料机给料不均、播料器角度不对，料层分布极不均匀。尤其是 3、4 号给料机形成了堆积，燃料播布到炉排中端。

（1）床层燃烧无法均匀配风，锅炉不能形成高浓度剧烈燃烧。

（2）烧不透的燃料在炉排振动下，移动到了低端，形成低温燃烧，有效燃烧程度降低。

（3）为了将燃料尽量抛到炉排高端，只能保持播料风高压风头，破坏了风量均衡。

（4）炉排上凸凹不等的燃料分布，影响了区段的风量配置，炉内温度场分布不均衡。

5. 燃烧氧量不足

在克服燃烧和烟气生成物及满足播料风的需要时，送、引风机液力耦合器已达最大开度。燃烧氧量不够，造成一、二次风不能良好的配比，增加二次风，就意味着减少了一次风，造成一次风不能穿透燃烧的物料，二次风不能压制、搅拌火焰。形不成强力燃烧，带不上负荷。具体表现如下：

（1）前、后墙下二次风不能满足强力燃烧的需要。

（2）上层二次风不能将火焰压制在二次风口下，形成灼热的燃烧中心。

（3）无力构造高效燃烧温度场。

6. 其他原因

（1）给料系统设计繁琐、中间环节太多，配料机不能均匀配料，给料机容易堵料。

（2）输送皮带电流定值小，容易跳闸。

（3）锅炉漏风，尤其是炉前最严重。

（4）除尘器设计旋流阻力大，造成了引风机液力耦合器功率增加。

（5）烟气低端、转弯处没有设计放灰管道。

（6）捞渣机坡度大，容易滑渣。

（7）锅炉播料试验不成功，炉排燃料堆积。

（8）锅炉燃烧调整未优化，未达成共识。

二、锅炉燃烧调整指导意见

根据燃料水分高、灰分大、发热量低、引送风机液力耦合器满开度的特点。燃烧调整的指导意见如下：

（1）保障炉膛温度，没有较高的炉膛温度，就不可能产生良好的锅炉燃烧，炉膛温度是锅炉燃烧的生命。

（2）保障适量的上层二次风，以此增加燃烧时间，保障燃料的充分燃烧。

（3）保障一次风，最好能够穿透燃料，形成沸腾状，以增加火焰的迎风面。

（4）调整并使播料风压大于 6kPa，以使入炉燃料尽量分布到炉排高端。

（5）根据炉排燃料厚度和燃烧工况，调整振动炉排，使燃料布满炉排，低端炉排下渣口呈燃烧死区。

（6）继续排查锅炉漏风，尤其是尾部烟道的漏风。

（7）检查除尘器的除尘效果。

（8）翻晒燃料，减少入炉水分，燃料硬质、轻质适当掺配。

（9）控制高灰分燃料入炉。

（10）提高入炉燃料的热值。

（11）提高进入炉膛的热风温度。

（12）防止堵料、断料，保持燃料入炉的连续性。

（13）看盘前先看火，掌握锅炉燃烧工况。

（14）加强锅炉吹灰，每班一次。

（15）锅炉排烟温度控制在130℃以下。

（16）给水温度和热风温度保持在额定值。

（17）燃烧要稳定，调整要勤调、少调，防止大幅起落式的调整。

（18）停炉后进行锅炉空气动力场试验。

（19）停炉后进行炉排播料试验。

（20）停炉后进行锅炉漏风试验。

三、锅炉燃烧调整的基本措施

1. 燃料质量

（1）入炉燃料灰分＜20％。

（2）入炉燃料水分＜30％。

（3）入炉燃料热值＞6700kJ/kg。

2. 执行措施

针对锅炉燃烧的实际状况，经过有关人员的充分探讨，整理出了锅炉燃烧调整的基本方案，参照执行。

（1）风量。稳定工况下锅炉配风参考值（以25MW为例）见表5-16。

表5-16　　稳定工况下锅炉配风参考值（以25MW为例）

项　　　　目		参考值
总风压（kPa）		7.4
播料风风压（kPa）		6.2
氧量（％）		3
一次风（kg/s）	高端	5
	中端	12
	低端	4.5
二次风（kg/s）	后墙下	1
	前墙下	2
	后墙上	0.2
	前墙上	0.35

注　其他负荷时根据工况适时适当调整。

（2）炉排。振动间隔 300s、振动时间 11s、振动频率为 90％，根据锅炉燃烧工况和炉排料层厚度适当改变。

（3）给料量。调整取料机转数和配料机插板，保持炉排燃料均匀，防止堵、断料。

（4）捞渣机。保持捞渣机水位、高功率运行，不能使 1 号捞渣机带不出灰渣。

5.20 锅炉的技术改造和效果

48t/h 黄秆锅炉炉排，经过运行证明设计容量不够，设计单位和锅炉厂认为炉排做小了。燃料在炉排高端很难着火，燃烧不能形成强烈结构，燃烧时间不够，炉渣含碳量达到 20％以上，影响了经济效益。

为了满足容积热负荷的需要，进行了设备改造。

一、锅炉进行过的改造

1. 炉排加装风帽

炉排更改了风帽，下部孔径为 10mm，钻孔孔径为 5mm，炉排自上而下隔三排更改一排，新加风帽共计 15 排，其中炉排两侧各有两列，后部一排为三孔风帽，具体见图 5-5。

图 5-5 炉排更改风帽图

设想为炉排中端加强风量，形成强烈燃烧，在炉排中端建立高温高效燃烧。但是，改造后的炉排破坏了生物质床层燃烧结构，由于中端风帽的作用，燃料堆积到高端，与中端形成了断层。无法建立起燃烧结构，燃烧时间不足。当燃料水分大、灰分高的时候，只有炉排中端着火、燃烧，这样就缩短了炉排的利用面积，产生的容积热量不可能满足受热面的吸热量。燃料来不及燃烧就排出，燃料水分大的时候，灰渣含碳量大于20%。

经过运行实践论证，中端炉排风帽严重影响了锅炉床层燃烧的平衡性，炉排形成了断层燃烧，高端燃料堆积、燃烧空间小、燃烧时间短，发生了严重的不完全燃烧。于是去掉了炉排风帽，恢复了原设计。

2. 加装取料仓干燥风

为了干燥燃料，在二次风管道引出热风到取料仓，经过运行试验，未能取得理想效果，已经割去。

3. 封堵上二次风

利用热风干燥燃料，风源取自上二次风。将炉前上二次风口进行封堵。使用效果不是太好，现在已经恢复。

4. 改造除尘器

在历次停机检查过程中发现锅炉除尘器旁路管道弯头处容易积灰，造成旁路烟道通流面积减小，甚至堵塞，致使机组无法在除尘器检修或启停时投运旁路，将弯头割除后与主管道采用直管段连接方式。

5. 增加卫燃带

在下部炉膛后墙以及左右墙增设卫燃带，卫燃带厚度约为20mm，以提高炉膛温度。经过运行实践证明，此改造已经没有太大的实际意义了。

6. 分隔风室

将底部进风改为一侧进风，分隔成高、中、低三个风室。现在风室挡板已经割除，形成一个风室了。建议恢复到原设计，便于风量控制。

7. 加装下部点火风

在炉排底部加装了一根从空气压缩机来的点火风管，以期干燥燃料。由于温度太低，起不到作用，已经停止。

8. 改造渣井

渣井尺寸改大了，有利于落渣，但是需要注意水密封，防止冷风进入。

二、锅炉存在的问题

（一）燃烧结构无法构成的现状

1. 料层太厚

炉排燃烧时的料层高端近 2m、中端 1m 多、低端 0.5m 多。

2. 一次风使用量太大

一次风门开度为 100%。

3. 床料偏斜

取料量不一致，1、2 号下料量大、3、4 号下料量少。

4. 锅炉漏风严重

炉膛和烟道大量漏风，漏风率超过了 20%。

5. 炉排振动时正压太大

炉排振动时炉膛正压最大到 3kPa，严重扰动了燃烧动力场。

6. 燃料水分、灰分大

燃料水分大于 30%，灰分大于 20%。

7. 运行人员的固有观念

运行人员习惯了固有的操作思路，不能根据燃烧工况进行操作，操作缺少预见性。

8. 设备缺陷

炉排风不能操作，二次风漏流太大，高、中、低一次风门形同虚设，流量、压力表计不准。

9. 给水、热风温度达不到额定值

给水温度为 190℃、热风温度为 170℃，都不到额定值。

（二）燃烧结构不能形成的分析

锅炉炉排上积存了大量的燃料，炉排面积不能容纳这样多的燃料，就形成向上的堆积，需要强烈的一次风穿透，导致一次风全开，形成了动力燃烧。锅炉燃烧的氧量主要靠一次风供给，缺失了二次风的强力扰动作用，无法形成剧烈的床层燃烧工况。

1. 高、中端表面燃烧

由于床料太厚，无法形成燃料内部的扩散燃烧，燃烧只是停留在表面；下层燃料以还原性气氛的形式出现。

2. 燃烧时间不足

由于料层太厚，大量燃料在炉排振动的循环中，不能完全燃烧；在规定的燃烧时间里，大量可燃质排出炉膛。

3. 燃烧不能完全

一次风在穿透料层的时候，起到了扰动和助燃的作用。锅炉燃烧在缺失二次风扰动的情况下，锅炉不能形成高强度燃烧，只是以缺失扰动的炉内工况保障较高的负荷。其结果只能是燃料不能完全燃烧。

4. 燃烧结构不合理

大量的炉渣进入捞渣机产生了放热损失，说明了燃料无法在炉排上面充分燃烧。炉膛上部区域温度直线下降，烟气里的可燃物不可能再次发生燃烧，使飞灰可燃物居高不下。炉膛顶部的三级过热器温度过低，产生欠焓运行。一、二次风配比不合理，仅以一次风的作用不能组织良好的锅炉燃烧结构，形不成强烈的燃烧工况。

一次风基本全开，锅炉燃烧的氧，基本依靠一次风，缺少了二次风迅速的迎合穿透和强力回旋，形不成高效的锅炉燃烧结构。

5. 燃料热值低、水分大

燃料热值低，建立同等锅炉容积热负荷，需要的燃料大量增加，为了克服厚料层不得加大一次风，致使二次风不能加入。为了不使炉排料层过厚，就得缩短炉排振动间隔时间，致使燃烧停留时间过短，没来得及燃烧的大颗粒下行进入捞渣机、上行循着烟气进入尾部烟道。

由于燃料水分大于30%、发热量低于6700kJ/kg，当锅炉燃烧时，炉内就会形成水蒸气，释放吸热，然后才是燃烧放热的过程。锅炉里大量的水蒸气降低了炉膛温度,加入的氧在水蒸气的环绕下,形成屏障,难以与火焰进行充分混合。一次风所带的氧量已经不能满足燃烧的需要,以致燃烧缺氧。

6. 锅炉带高负荷困难

增加锅炉负荷,就需要增加给料量和风量。现在的一次风已经达到极限,燃料厚度也达到了极限。低热值、高水分的燃料燃烧时,形成的膨胀气雾充斥炉膛,超过了锅炉设计所允许的极限,锅炉没有足够的空间容纳吸热、放热过程产生的状态变化,瞬间产生的烟气体积急剧变大。炉排振动时以水蒸气释放产生正压、又以新负荷建立再一次产生正压。在极强烈的扰动下,正负压波动形成,造成了明显的动态不平衡。这样的工况下,不能形成较高的容积热负荷。燃烧强度不够,就无法生成满足高负荷需要的热量,并且带来大量的燃烧不充分所造成的不完全燃烧。

三、燃烧调整思路

(1)大幅减少一次风(停炉后需要将一次风门处理好)。降低火焰中心,增加燃烧时间。

(2)调整二次风。前墙二次风一般为 2kPa、后墙二次风为 2kPa、燃尽风挡板开度从 0% 增加到 20%。加强了锅炉燃烧的穿透力,将燃烧中心置于距离炉排 2m 高的部位,造成了一个逐次衰减的炉内温度场,构建一个良好、强劲的锅炉燃烧结构。

(3)基本关闭下部点火风。

(4)根据燃料质量、料层厚度调整振动炉排,以间隔 360s、振动 10s、振动频率为 88Hz 为宜。

(5)炉膛漏风率小于 4%。

(6)大幅降低炉排燃料厚度,以利于燃尽,降低不完全燃烧程度。

(7)运行人员加强培训,优化锅炉调整。

(8)保持燃料可燃值 6700kJ/kg 以上、水分小于 30%、灰分小于 20%。

(9)一、二次风门灵活好用。

（10）各个表计准确。

根据以上的原则调整锅炉燃烧，尽量造成锅炉高效燃烧和良性循环，应该有不错的效果，有待试验检验。

5.21 对锅炉燃烧调整的看法

针对锅炉方面存在的一些问题，进行了如下分析、探讨，并进行了调整。

一、锅炉的现状

30MW 负荷时，氧量保持为 $3\% \sim 6\%$，总风压为 $7 \sim 7.5$kPa，除尘器压差为 700Pa，炉膛温度保持在 800℃，给水温度为 224℃，热风温度为 220℃，排烟为 152℃，引风机电流为 43A，送风机电流为 32A。

1. 燃料

燃料为棉秆、树皮和其他燃料。应用基低位发热量为7500kJ/kg 左右，燃料水分一般在 40%左右，灰分一般为 15%以上。

2. 锅炉设备目前缺陷

（1）点火风 1～4 号分门不能操作。

（2）送风机及引风机液力耦合器调节不灵敏，经常出现开度变化 5%时液力耦合器转速不跟踪的现象。

（3）锅炉本体漏风点比较多。

（4）吹灰器目前有 3 个不能投用，其中过热器 2 个、尾部烟道 1 个。

（5）除尘器布袋漏灰严重。

（6）缓冲料仓摄像头不清晰，不能判断料仓是否有料。

3. 锅炉燃烧存在的问题

（1）炉排上面料层太厚、轻质燃料和硬质燃料掺配，风量不好调配。燃料不能完全燃烧，炉渣中含有很多生料，炉灰中可燃物较多。

（2）引风机前入口负压达到 -4.5kPa 左右，大量水蒸气通过烟囱排出，加重了引风机负担。

（3）锅炉漏风严重，在炉膛冒正压时，可以看到大量烟气从炉膛不严密处逸出。

（4）入炉燃料掺配不均匀，机组负荷不能保持稳定，主蒸汽温度及主蒸汽压力波动较大。

二、原因分析

（1）燃料水分及灰分偏大是影响锅炉燃烧的主要因素。燃料特别是树皮水分过大，造成燃料不能充分燃尽。燃料中杂质较多，阻碍燃料与空气的充分混合；同时因为灰分偏高，燃料里的玉米芯糖分含量高，运行人员为了防止炉排结焦加强了炉排振动，致使炉渣中生料含量较多。

（2）为控制炉排振动时炉膛负压的波动，炉排振动的连锁程序是在振动炉排时提前 30s 关闭高、中、低一次风门，开启前、后墙二次风门，持续 5s 后在 30s 内缓慢开启一次风门，关闭二次风门。这样造成锅炉长时间处于缺风情况，氧量需要 3min 左右才能恢复到振动前的正常数值，导致燃烧不充分，飞灰可燃物偏高。

（3）除尘器除尘效果差，锅炉本体漏风点多，运行人员为了控制在炉排振动时烟囱不冒黑烟，锅炉房不冒正压，大幅降低中端一次风的开度，也造成炉排上燃料缺氧燃烧的情况。

（4）锅炉本体漏风点多加上燃料的特性，造成水冷套不能形成严密的料塞，大量冷风进入炉内，降低炉膛火焰温度，致使燃烧不充分，同时造成了引风机出力增加。为维持炉膛负压，送风机出力偏小，一次风压偏低，不能有效穿透料层充分燃烧。

（5）入炉燃料掺配不均匀，特别是交接班前后一个小时，经常出现机组负荷忽高忽低的现象，主蒸汽温度及主蒸汽压力大幅波动。锅炉燃烧不稳定，运行人员调整困难。

三、燃烧调整

（1）根据燃料湿、风量需求大的特点，送风机出口总风压由 7.0kPa 调整为 7.5kPa，送风机电流由 30A 提高到 33A。

（2）一次风开度由高端挡板开度为 66%、中端挡板开度为

73%、低端挡板开度为 50%，调整为高端 80%、中端 85%、低端 56%。

（3）二次风由原来的前墙挡板开度为 10%、后墙挡板开度为 20%，调整为前墙挡板开度为 20%、后墙 30%，改变一、二次风配比，加强了火焰中心的燃烧，延长未燃尽颗粒在炉内燃烧停留时间。

（4）根据火焰颜色、料层厚度和灰渣等综合工况，调整炉排振动连锁时间。更改为振动炉排时提前 20s 关闭高、中、低一次风门，开启前、后墙二次风门，持续 15s 后在 20s 内恢复一、二次风门的初始开度。炉排振动时间由原来的间隔 380s 振动 15s 调整为间隔 330s 振动 13s 或间隔 330s 振动 14s。

（5）给水主调节门由原来的 60% 开度调整为 100% 开度，减小调节门节流造成的给水压力损耗，降低给水泵电流。

四、结论

通过燃烧调整，验证了调整思路的正确。炉渣中生料含量减少，炉灰颜色变浅，未燃尽颗粒明显减少。在炉排振动时机组负荷稳定，炉膛负压波动减小。

影响锅炉燃烧的最大问题，就是燃料的水分、灰分含量过大，其次是设备原因，如除尘器分离效果不好，布袋大量破损、漏灰。

五、建议

（1）加强湿燃料的晾晒，减少入炉水分。加强入炉燃料的掺配工作，掺配均匀的燃料有利于锅炉的燃烧稳定，便于运行人员有针对性地进行调整。考虑增加设备，降低入炉燃料的灰分，减少炉渣、炉灰含碳量，同时降低除尘器及引风机的磨损情况。

（2）利用停机检修机会，检查锅炉漏风，封闭各不严密的地方，尤其要保持进料系统各部分的严密性，防止因冷风进入炉膛造成的燃烧不完全及引风机出力增大等后果。

（3）定期检查布袋除尘器，对破损的布袋及时更换，减少漏灰量，减轻引风机磨损。同时可以减小为防止烟囱冒黑烟在振动炉排时大幅关闭一次风门对燃烧的影响，有利于提高燃尽度，减少炉渣生料量。

（4）排烟温度较高，省煤器前入口烟气温度为 382℃，出口烟气温度为 265℃，而同类型机组省煤器前入口烟气温度为 403℃，出口烟气温度为 256℃左右。建议摸索出合适的吹灰次数，暂时可考虑蒸汽吹灰由原来的每天中班吹一次，增加夜班尾部烟道吹灰一次，减轻由于积灰原因造成的排烟温度升高。同时要防止因蒸汽吹灰而造成的管壁冲刷减薄。

（5）利用停机机会对点火风 1～4 号分门进行修复，增加在入炉燃料水分较大情况下的调整手段。对送风机和引风机液力耦合器进行检查，确保调节灵敏，风机出力能够线性变化。

（6）对 1～4 号给料线的翻板防火门进行检修，确保开关灵活，防止因锅炉冒正压取料机回火而导致的设备损坏；同时也可以在单侧料仓运行时关闭防火门，防止大量冷风进入炉膛，影响燃烧。

（7）在机组负荷变化较大的情况下，应及时调整送风机出力，保持氧量在合适的范围内，防止过大或过小。加强燃烧调整，根据实际情况调整炉排振动和间隔时间，降低机械不完全燃烧可燃物。

锅炉燃烧是一项复杂多变的系统工作，需要多观察、多分析，梳理出一套适合现实工况的措施。

5.22　锅炉燃烧的优化调整

一、简述

48t/h 黄秆生物质锅炉，发电负荷率为 98.8%，飞灰含碳量为 16.42%，炉渣含碳量为 14.66%，炉膛温度为 850℃，主蒸汽压力和主蒸汽温度比较稳定，机组负荷波动较小，炉排振动时炉膛负压波动 1kPa。

二、分析

（1）入炉燃料为树皮、花生壳、小麦秸秆和锯末的混合料，树皮：花生壳：小麦秸秆：锯末＝5：2：2：1（体积比），入炉燃料热值为9105kJ/kg，现场测量堆积密度为100kg/m³。

（2）通过调整取料机转速来控制入炉燃料量，入炉燃料量未能实现可控，波动较大，且未形成良好的水冷套料塞。对运行指标进行分析，计算入炉燃料量为18.17 t/h，实际皮带秤数值为18.88t/h，基本相同，可以判定皮带秤的精度满足要求。而通过分析给料机运行方式（4台给料机均运行），实际转速为11r/min（额定转速为22r/min），根据给料机的几何尺寸（螺旋轴直径、螺旋叶片直径、螺距）和入炉燃料的堆积密度，可以计算四台给料机总输送量为21.25t/h，显然，计算输送量大于实际入炉燃料量，说明入炉燃料量不均匀，时大时小。因此，只有通过调整给料机转速控制入炉燃料量，且给料机缓冲料箱维持一定料位，才能实现入炉燃料量均匀可控，水冷套才能形成良好料塞。

（3）运行中氧量在3％左右波动幅度较大，氧量波动大不仅表现在炉排振动过程中，而且在炉排不振动时，波动仍然在0.4％～4％之间。可以判断，运行中锅炉燃烧处于紊乱中。同时，运行中氧量变化与入炉燃料量波动大有直接关系；炉排振动时提前开大二次风、关小一次风的逻辑中的参数设置不合理，未能起到在炉排振动时减少氧量变化的作用。因此，在运行中，一定要增加总风量，维持氧量相对稳定且在4％左右。

（4）灰渣含碳量较高，1号捞渣机出口炉渣的形态明显有分层，真正炉渣量少，而且燃尽度较好，而细小颗粒未燃尽较多；除尘器飞灰颜色目测较黑，粒度较均匀，大颗粒较少。初步分析，炉渣含碳量高的主要原因是烟气携带的未燃尽颗粒较多；锅炉敷设卫燃带后炉膛温度升高100～150℃，在此条件下，烟气携带未燃尽颗粒仍然较多，可以判断是炉膛高温区缺氧燃烧造成的。因此，需要对二次风总量、前后墙二次风及燃尽风配比进行调整。

（5）打开炉膛人孔门进行观察，中端炉排上的料层厚度达到1.2m左右，整个燃烧区后移，中低端炉排燃烧较好，有燃尽区。炉排上料层较厚且有堆积，这与入炉燃料量不均匀或入炉燃料量偏大有直接关系；燃烧区后移说明高端炉排处（给料口区域）的温度偏低，入炉燃料未能在此区域快速干燥，这与水冷套漏入冷风和前墙二次风量较大有直接关系；从1号捞渣机出口炉渣的形态来看，未见大焦块，且炉排上燃料燃尽相对较好，可以认为振动炉排参数（振动时间、间隔时间和振动频率）设置较合理。

（6）根据入炉燃料量和运行参数计算总风量应为 18kg/s，且实际 DCS 画面上显示的风量值最大也未超过 13kg/s；且实际送风机转速已达到 1400r/min（额定转速为 1480r/min），由风机风量与转速的正比关系，可以计算出实际风量应为 18kg/s。结合其他单位的风量数值，可以肯定判断总风量标定存在错误，需要重新标定。

三、燃烧调整的改进措施

在总结锅炉改造后一个月来燃烧调整工作所取得经验的基础上，首先确定一个基本工况点，然后进行分项优化调整，最终确定一个组合优化工况。具体改进措施如下：

1. 不进行优化调整的项目

（1）入炉燃料种类和掺配比例保持不变，即入炉燃料为树皮、花生壳、小麦秸秆和锯末的混合料，树皮：花生壳：小麦秸秆：锯末＝5：2：2：1（体积比）。入炉燃料水分控制在 35% 以下。

（2）炉排振动参数不做调整。振动时间为 6~7s、间隔时间为 660s，振动频率为 45Hz。

2. 调整原则

必须坚持采用调整给料机转速来控制入炉燃料量，给料机缓冲料箱维持一定料位，确保入炉燃料的可控和均匀，取料机要根据给料机的转速和给料机缓冲料箱的料位进行调整；同时，运行中一定要维持氧量相对稳定且在 4% 左右，根据氧量变化来调整给料机转速。

这样可以避免入炉燃料种类和质量变化时引起燃烧工况变动

在燃烧调整期间，维持机组负荷在 12MW 左右，不降负荷进行试验。根据目前燃料热值可以推算出，在四台给料机同时运行时，转速应该控制在 30%～40% 之间，即 6.6～8.8r/min。如果四台给料机同时运行时，给料机电流增大且有水冷套堵料的可能性，可以转变为每条线一台给料机运行，转速应该控制在 60%～70% 之间，即 13.2～15.4r/min。

3. 基本工况（12MW 负荷）

（1）给料机运行方式。四台给料机同时运行时，转速应该控制在 30%～40% 之间。

（2）一次风量：二次风量：点火风量＝4.5：4：1.5。

（3）炉排风的高、中、低端挡板开度为 70%、60%、40%。

（4）前墙二次风、后墙二次风、燃尽风的挡板开度为 40%、60%、50%。

（5）炉排振动时间为 6～7s、间隔时间为 660s，振动频率为 45Hz。

（6）送风机转速为 1430r/min，送风机出口风压维持在 5.5～6.0kPa 之间。

4. 需要进行优化调整项目

（1）炉排风的高、中、低端挡板开度。

（2）前墙二次风、后墙二次风、燃尽风的挡板开度。

（3）一次风量、二次风量和点火风量的比例。

（4）炉排振动时提前开大二次风、关小一次风的逻辑参数。

5. 优化调整的工况

在基本工况基础上，只对某一项目进行调整，最终确定一个优化组合工况。

（1）工况 1：炉排风的高、中、低端挡板开度为 40%、60%、70%。

（2）工况 2：炉排风的高、中、低端挡板开度为 70％、100％、40％。

（3）工况 3：前墙二次风、后墙二次风、燃尽风的挡板开度为 30％、80％、30％。

（4）工况 4：前墙二次风、后墙二次风、燃尽风的挡板开度为 50％、80％、30％。

（5）一次风量：二次风量：点火风量＝5：4：1。

四、生物质锅炉优化调整

（1）锅炉在运行中一定要注意燃料不要太湿、颗粒适中，可根据燃料含水量进行配比。如树皮含水量 30％左右、稻壳含水量 12％左右、棉柴含水量 12％左右，这样可将棉柴、稻壳各30％左右掺混。同时还可根据床层燃料的分布、燃烧工况适当调整燃料配比。

（2）注意保持好炉膛压力，不要超过－50Pa，以防止燃料被大量吸入炉膛，尤其是颗粒较小的轻质燃料，避免尾部烟道产生二次爆燃现象。

（3）注意炉排风、点火风、二次风及燃料量的合理配比，炉排风压维持在 3.5kPa 以上且不高于 6.0kPa，前墙下二次风、点火风要关小，前墙上二次风、后墙二次风可适当开大，防止燃料被吹至炉膛后部燃烧，造成炉渣含碳量过大，不完全燃烧损失增加。

1）严格控制炉膛压力为－50Pa 运行，防止燃料不完全燃烧损失和灰渣含碳量过高，同时避免第三回程进口蓬灰。

2）严格控制捞渣机密封水位，既不要太低也不要太高，距离上平面 150～200mm 即可。

3）注意水冷套内燃料燃烧情况、燃料颗粒及压实装置的情况，一定要形成料塞，如一台给料机运行可间断开启另一台给料机，防止回火烧坏螺旋，在开启时要减小转速输出。

4）严格控制烟气含氧量在 3％～6％之间，保证富氧燃烧，确保炉排燃料不因缺氧而造成结焦；必须观察炉排后部燃料着火情况，根据着火情况来调节炉排振动频率、振动时间、炉排风量。

（4）燃烧过程中注意振动炉排振动时间、间隔时间及振动频率，可根据炉排料层厚度来合理调整。料层厚时可加大振动频率、加长振动时间、缩短间隔时间；料层薄时调整相反，要保持炉排尾部有 200mm 燃尽区。可根据燃料、燃尽区的位置来做以下调整：

1）正常情况下应保持适当的燃尽区，可根据不同燃料及含水量来确定。当燃尽区过短时，可将一次风压提高、振动炉排振动时间缩短、间隔时间加长。

2）当炉排料层较薄，颗粒较小时，要关小一次风，炉排振动时间要缩短，防止燃料吹空，大量燃料被吸入后部烟道，造成烟道的二次燃烧；料层厚时则相反。

（5）当炉膛压力出现正、负变化较大时，可将取料机做适当调整，同时调整送风量，可先将炉排风降低，待炉膛压力稳定后再提高。同时调整振动炉排振动时间、间隔时间及振动频率。

（6）锅炉炉排出现燃烧后移时，需将点火风关小，前墙二次风、后墙二次风加大。如果是因炉排前部无燃料造成，可暂停炉排振动，增加取料机给料量。炉排的振动调整还应根据炉排上燃料着火情况、燃尽区的位置来做适当调整。

（7）锅炉运行中要注意给料在堵料后的处理，堵料后炉膛压力要出现变化，此时要调整好引、送风机的风量配比。防止炉膛压力正负变化过大、频繁。锅炉在运行中可做以下配风：

1）根据锅炉负荷情况适当调节送风量，同时注意烟气含氧量，不要出现缺氧结焦现象；

2）根据燃料性质合理调节一次风量、二次风量，同时注意炉排风和二次风量的合理配比；根据国情风比一般以 6：4～7：3 为宜。

3）根据炉排后部燃料燃烧情况，提高或降低一次风压，但必须确保炉排燃料不产生结焦现象。

（8）锅炉运行时注意炉排上燃料不要产生结焦现象，产生结焦现象的主要原因是炉膛温度高、炉排风量不够，未能使燃料翻动；炉排振动时间、间隔时间、振动频率未调节好；或是炉排燃料堆积缺氧、燃料含糖量多、黏性大所致。

（9）黄秆生物质锅炉的进料口离着炉排别距离太近，燃料进料口没有设计高度，燃料进入后下落过程可以充分吸收炉膛的辐射热，利于燃料的干燥、气化，尽快在炉排高端着火，形成全床燃烧。

5.23　锅炉燃烧调整的一般措施

一、锅炉燃烧调整的原因分析及注意事项

1. 原因分析

生物质锅炉运行中遇到很多燃烧调整问题，存在的主要原因分析如下：

（1）燃料存在的问题。燃料水分过高、树皮的腐烂程度过大、掺混不均匀，进入锅炉吸收炉内热量较大，降低了炉膛温度，致使锅炉燃烧效率降低。

（2）锅炉存在缺陷。炉排较短，依靠大量燃料的蓄热才能保持额定的容积热负荷。燃料在炉排高端不能及时干燥、气化、着火，只能进入炉排中端才进行燃烧，使燃料在炉内燃烧时间不够，燃料不能够完全燃烧，锅炉燃烧效率降低。

（3）锅炉运行人员的问题。对燃料性质了解不够，对炉膛内燃料燃烧、分布情况不能及时掌握，不会根据燃烧工况、燃烧规律，采取有效措施进行调整。

2. 注意事项

在锅炉燃烧调整时应注意以下几项：

（1）严格控制硬质与轻质燃料的掺混以及入炉燃料的质量，杜绝水分、腐烂程度过大的燃料大量进入炉内。

（2）锅炉运行人员也要关注入炉燃料的性质和质量，根据燃

烧工况，做出相应的燃烧调整措施，杜绝锅炉出现超温超压、炉膛温度降低、出力降低等现象。

（3）锅炉操作人员要根据锅炉出现的异常现象，对应燃烧调整措施进行有效及时的调整。

（4）锅炉出现异常情况时，其他专业人员要积极协助、配合锅炉运行人员进行异常情况处理。

（5）根据锅炉出现的几种异常现象，分别附上对应的燃烧调整措施。

二、燃烧调整措施

（一）锅炉燃烧轻质燃料的调整

锅炉在燃烧轻质燃料时的调整措施，运行中一定要注意物料不要太湿，掺混合理，达到高热值，物料颗粒适中。

（1）炉膛压力保持在±20，以防止燃料被大量吸入炉膛，产生悬浮燃烧。入炉燃料量、炉膛压力不好控制，避免尾部烟道产生二次爆燃现象。

（2）注意炉排风、点火风、二次风及燃料量的合理配比，炉排风压宜小不宜大，前墙上二次风具有压制火焰的作用，防止燃料被吹至炉膛后部燃烧，造成炉渣含碳量过大，造成不必要的损失。

（3）燃烧过程中注意炉排振动时间、间隔时间、振动频率，可根据炉排料层厚度来合理调整。料层厚时可加大振幅，加长振动时间，缩短间隔时间，料层薄时调整相反。

（4）当炉膛压力出现正、负变化较大时，可将给料机做适当调整，同时调整送风量，可先将炉排风降低、待炉膛压力稳定后再提高。同时调整振动炉排振动时间、间隔时间及振动频率。

（5）锅炉燃烧中出现燃料在后部燃烧时，可以关小前墙二次风，加大后墙二次风。如果是因炉排前部无物料造成，可暂停炉排振动，增加给料量。

（6）锅炉运行中要注意给料在堵料后的处理，堵料后炉膛压力将出现变化，此时要调整好引、送风机的风量，防止炉膛压力

173

正负变化过大，尤其要防止蒸汽温度急速下降，造成汽轮机打闸事故。

（7）锅炉运行燃烧时注意炉排上物料不要产生结焦现象，产生结焦现象的主要原因是炉排风量不够、未能使物料翻动，或是炉排燃料堆积缺氧、炉排振动不够。

（8）注意捞渣机水位，不要破坏水封、影响炉膛压力稳定。

注：燃料配比为锯末：小麦秸秆：稻壳＝6：3：1。

（二）锅炉燃烧混合燃料的调整

为了锅炉安全运行，确保机组长期在经济、安全、稳定下工作，根据现有燃料种类和燃料含水量的不同，对锅炉上料、启动取料机、给料机及运行时的燃烧调整做如下规定：

（1）锅炉在运行中物料不要太湿，掺混合理，达到高热值，燃料颗粒适中。可根据燃料含水量进行配比。比如树皮含水量在30％左右、稻壳含水量12％左右，这样可将树皮、稻壳掺混。同时还应注意水冷套内燃料运行情况，可适当调整燃料配比。

（2）保持好炉膛压力，以防止燃料（尤其是颗粒较小体积较轻的燃料）被大量吸入炉膛，避免尾部烟道产生二次爆燃现象。

（3）注意炉排风、点火风、二次风及燃料量的合理配比，炉排风压维持在能够穿透燃料，点火风要关小，防止燃料被吹至炉膛后部燃烧，造成炉渣含碳量过大。

（4）燃烧过程中注意炉排振动时间、间隔时间及振动频率，可根据炉排料层厚度来合理调整。料层厚时可加大振动频率、加长振动时间、缩短间隔时间；料层薄时调整相反，要保持炉排尾部有200mm燃尽区。

（5）当炉膛压力出现正、负变化较大时，可将取料机做适当调整，同时调整送风量，可先将炉排风降低，待炉膛压力稳定后再提高。同时调整振动炉排振动时间、间隔时间及振动频率。

（6）锅炉燃烧中出现燃料在后部燃烧时，需将点火风加大、前墙二次风关小、后墙二次风加大。如果是因炉排前部无物料造成，可暂停炉排振动，增加取料机给料量。

（7）锅炉运行中要注意给料在堵料后的处理，堵料后炉膛压力将出现变化，此时要调整好引、送风机的风量配比，防止炉膛压力正负变化过大、频繁，保持炉膛温度。

（8）锅炉运行时注意炉排上燃料不要产生结焦现象，产生结焦现象的主要原因是炉排风量不够，未能使物料翻动，炉排振动时间、间隔时间及振动频率未调节好。

（9）注意捞渣机水位，不要破坏水封、影响炉膛压力稳定。要加强捞渣机链条及刮板转动情况的检查，防止链条断链、脱焊，刮板断裂、卡塞。

（10）在入炉燃料体积小、密度大时应该注意炉膛压力的变化，尤其是在炉排振动时。要手动增加引风机液力耦合器开度，调节好炉膛压力。

注：燃料配比如下：

1）以树皮为主：树皮∶锯末∶秸秆＝5∶3∶2。

2）以锯末为主：锯末∶秸秆∶树皮＝6∶2∶2。

3）以秸秆为主：秸秆∶锯末∶树皮＝4∶3∶3。

（三）降低排烟温度，提高一次风温

1. 操作步骤

（1）锅炉出现水冷套堵料或燃料水分较大时，应将炉排风量降低，防止炉膛内吹入大量冷风、降低炉膛温度、吹空堵料侧炉排上燃料，将飞灰或轻质燃料携带至上部甚至后部燃烧。

（2）堵料时产生偏烧，堵料侧漏风量增加、炉膛布料不均匀，使一次风流速增加，风温降低，此时应降低炉排风速，增加换热介质，加长逗留时间，提高风温和炉膛温度。

（3）锅炉低负荷时空气预热器、烟气冷却器加热和冷却介质减少，使一次风温降低，排烟温度升高，为此需将烟气冷却器与除氧器再循环门适当开启，其目的如下：

1）增加流经空气预热器的加热介质，使给水放热量增加，一次风吸热量增加，风温升高。

2）增加流经烟气冷却器的介质，介质在烟气冷却器内吸热量增加，致使排烟温度下降。

（4）在进行烟气冷却器除氧器循环时，将除氧器进气门关小，保持除氧器压力。

（5）调节烟气冷却器至除氧器再循环门时，要注意调节幅度，调节时观察除氧器压力变化，根据除氧器压力进行再循环门开度的调节。

2. 注意事项

（1）注意除氧器压力变化，维持原压力，不要超压，迫使安全门动作。

（2）控制除氧水温度，合理控制水位，不要超过允许值。

（3）注意烟气冷却器与除氧器再循环门的控制，不要使管道产生晃动或振动。

（四）锅炉出现堵料、蓬料的处理

1. 堵料、蓬料事故的出现原因

（1）燃料掺混不均匀，燃料在掺混时出现层状堆积，直线螺旋给料机进料时无法掺混均匀，出现单一燃料进入料仓。

（2）燃料水分超过设计规定范围，燃料水分过高极易造成燃料黏结，堆积密度增加，空隙率减少，在料仓堆积压实，形成堆积墙，产生蓬料，尤其是单一螺旋不能运行时更加明显。在水冷套内形成堆积密实的料塞，致使水冷套产生过大阻力，给料机电流增加，随塞长度增加给料机阻力越大，最终致使给料机过载而跳闸。

（3）燃料内长纤维过多，极易造成燃料黏结，产生团状连接，进入料仓和水冷套内，形成料塞，致使给料机阻力增加，电流增加。

（4）燃料颗粒度的大小直接影响着取料机、给料机的运行，燃料颗粒越小堆积密度越大，越易产生蓬料和堵料。

2. 水冷套堵料事故的处理措施

（1）水冷套将要出现堵料时，给料机电流突然增加，在由低到高范围跳动时，应立即派人进行处理，使用工具将压实的燃料疏松，根据运行给料机采取将另一侧给料侧燃料疏松，降压实侧燃料拨至蓬松侧（或无燃料侧）；或采取压缩空气进行吹送，提高炉膛负压，使燃料从压实装置口处将燃料吸入炉膛，压实燃料蓬松，减少给料机阻力。

（2）当给料机出现电流增大时，应立即减少取料机给料量，使燃料少量进入水冷套，形成底部有燃料、上不蓬松状态，缓慢进入水冷套—炉膛，经过一段时间后将压实段燃料推入炉膛，给料机电流减小，恢复原状态，堵料现象消失。

（3）当出现水冷套完全堵塞现象时，要先处理不运行螺旋侧堵料，因为不运行侧堵料行程较短，极易处理疏通，将不运行侧疏通后，将运行侧燃料边吹扫边拨至不运行侧。

（4）在水冷套内堵塞燃料出现多半蓬松现象时，可开启原运行给料机，观察给料机电流变化，开始时电流会大些，随燃料进入水冷套行程，结实燃料在水冷套内散开，料塞现象消失，给料机电流降低。

（5）在处理水冷套堵料事故时，一定要注意另一台水冷套内燃料运行情况，根据给料机电流进行适当调整给料量，避免出现堵料现象，使水冷套全部堵塞而出现停炉事故。

（6）在处理水冷套堵料事故时，汽轮机运行人员要将机组负荷降低，使蒸汽流量降低，主蒸汽温度下降速度减慢；锅炉操作人员要将二次风关闭、炉排风关小，尽量维持炉膛温度。

（7）如还保持原风门开度会使炉排风量增加，加速炉膛温度的下降，主蒸汽温度下降迅速，很快低于汽轮机汽缸温度，迫使打闸停机。

（8）锅炉出现事故，排烟温度升高、一次风温降低时，要合理调整烟气冷却器与除氧器再循环系统，提高一次风温。

3. 处理事故时的几项注意

（1）合理适当地安排处理事故的人员，确认其能够胜任，并能迅速完善地处理事故。

（2）处理事故时注意安全，做好安全措施，在保证人身和设备安全的情况下进行工作。

（3）运行人员处理事故时想得要全面，工作要细致，处理要得当，避免失误和误操作，使事故扩大。

（4）事故出现时要及时做好联系工作，及时掌握事故现场处理和监视参数变化情况。

（5）事故处理过程中，一定要注意事态的发展和变化，根据反馈情况，采取相应及时、迅速的有效措施进行处理。

无论锅炉出现蓬料还是堵料事故，处理事故时要本着沉着、冷静、准确、迅速的宗旨，采取有效措施进行合理处理，尽量缩小事故损失，避免事故扩大，同时注意安全，杜绝出现人身、设备事故。

（五）炉排振动时燃烧效率下降的调整

1. 原因

（1）入炉主燃料树皮水分、腐烂程度过大，经过给料机螺旋旋转、碾碎，颗粒度降低、密度增加，极易造成水冷套堵料、燃料热值降低、燃料量增加、透风系数降低、干燥时间加长、不易着火。

（2）入炉燃料灰分过大，燃烧时产生粘连结焦，燃料堆积不能及时松动、燃烧，炉排振动困难，炉排燃烧面积减少，燃尽区通风量增加，燃烧减弱。

（3）炉排出现大面积结焦，燃料堆积料层增厚，燃烧困难，燃烧区缩短，炉排难以振动，燃尽区出现吹空现象。

（4）水冷套落料口燃料堆积过高，燃料难以进入，燃料推进阻力增加，给料机电流增加，甚至出现水冷套堵料，产生燃料偏烧。

2. 现象

（1）炉膛温度、主蒸汽温度、一次风温风压、蒸汽流量、给水温度、烟气氧含量、机组负荷降低。

（2）给料量增加，给料机电流、排烟温度、一次风速升高。

（3）燃料堆积、结焦，造成炉排振动困难，振动时炉膛温度下降幅度过大，烟气氧含量、炉膛压力产生剧烈变化。

3. 处理

（1）及时关闭减温水手动进口总门，关闭二次风、点火风门，必要时关闭手动门、关小一次风门，降低炉排风。

（2）根据炉膛温度、烟气含氧量、给料机运行情况，合理进行燃料量调整；观察烟气氧量变化，可间断停止给料，促进燃烧加快。

（3）及时调整炉膛压力，开启烟气冷却器至除氧器再循环门，提高一次风温度，降低排烟温度。

（4）根据水冷套落料口燃料堆积，炉排燃尽区燃烧情况，加强炉排振动，增加燃料分布面积，减薄料层，降低炉排通风量，加强燃烧。

（5）炉排在振动时注意及时关小炉排风调节门，降低炉排风速，避免炉膛温度下降幅度过大。

（6）及时控制炉膛温度降低，根据炉膛温度变化，调节炉排风速，要间断进行炉膛焖火、扬火，逐渐促进燃烧加强，燃烧面积增加，促使炉膛温度、主蒸汽温度升高。

（7）出现主蒸汽温度降低时，及时联系汽轮机司机降低负荷，减少蒸汽流量，防止主蒸汽温度大幅度下降。

（8）根据主蒸汽蒸温度下降情况，及时开启一、二级过热器疏水，减少三、四级过热器蒸汽流量，提高主蒸汽温度。

（9）适当调整燃料量，避免水冷套出现堵料，根据锅炉负荷情况，可以采取将较干燥的燃料至缓冲料斗投入炉内，促进锅炉燃烧。

（10）合理控制炉排振动、间隔时间，振动频率，及时将堆积燃料散开，扩大燃烧面积，降低炉排风速。

（11）给料机出现电流变大时要及时进行疏通，及时调节取料量，落料口燃料堆积。

4. 防范措施

（1）合理进行燃料配比，控制入炉燃料水分，尽可能提高燃料热值，降低给料量、给料机负荷，加强水冷套燃料推进情况检查，防止水冷套堵料。

（2）根据燃料变化情况及时调整风料配比，加强锅炉燃烧效率，合理调整炉排振动、间隔时间及振动频率，防止燃料堆积。

（3）严格控制炉排振动、间隔时间，防止落料口燃料堆积，水冷套燃料推进阻力增加，给料机电流变大，炉排振动困难。

（4）合理调节锅炉燃烧工况，及时进行有效处理，防止事故恶化，造成不必要的损失。

（六）锅炉燃烧调整及预防飞灰再燃的处理措施

1. 燃烧异常现象

锅炉在燃烧轻质燃料时，炉膛内燃料燃烧呈悬浮燃烧状态，极易造成炉膛出口受热面超温，甚至造成尾部烟道二次燃烧。如炉排风用量过大，将出现以下现象：

（1）尾部受热面烟温升高，甚至造成三级过热器超温。

（2）排烟温度升高，一次风温下降。

（3）飞灰含碳量增加，炉膛下部燃料燃烧不完全。

2. 处理方法

（1）适当增加二次风用量，或开启点火风，将悬浮燃烧火焰降低，火焰降低可以对炉排上堆积燃料进行热辐射，甚至可以进行热传导。

（2）在开启点火风适当调整二次风的同时，降低炉排风流量，减少上扬燃料，减小悬浮燃料浓度，加强炉排上燃料燃烧。

（3）降低炉排风可以提高一次风温，缩短了燃料预热、干燥着火燃烧、燃尽时间，降低了炉渣含碳量。

（4）在燃烧轻质燃料时，要适当调节炉排振动，防止炉排振空或自动无法启动，要根据后部以及炉膛内燃烧情况进行合理调节，可以将炉排振动时间缩短，间隔时间增加，振动频率调为80～90Hz。

（5）炉排勤振、短振，可以减小炉膛正压、炉膛温度、主蒸汽压力以及机组负荷下降幅度，同时避免炉排振动时大量轻质燃料飞出炉膛，造成飞灰含碳量增加，甚至飞灰再燃事故，可以稳定锅炉运行工况。

（6）炉排振动幅度减小可以辅助燃料燃烧，炉排在振动时增加了燃烧风量，加强了燃料的燃烧空隙，有助于燃烧；同时炉排振动时间缩短可以有效控制燃料翻滚量，燃料自柔性管下落量，避免大量燃料下落翻滚，造成炉膛瞬间灭火、负压增大现象。

（7）当除尘器系统压差较高时，应关小一次风液力耦合器调节门或开启除尘器延期旁路门，待除尘器系统压差降低后再恢复原调节门开度。

3. 注意事项

（1）严格控制灰渣含碳量，操作人员要根据灰渣控制锅炉燃烧，进行及时调整，改变燃烧工况。

（2）严格按要求进行炉排振动，防止炉排不能自动振动，确保设备安全、稳定运行。

（3）注意炉排振动时炉膛压力的变化，炉排风调节要及时，防止炉膛出现大的正压，损坏燃烧室密封设备。

（4）根据燃料性质及时调整燃烧方式，改变燃烧工况，防止设备损坏，避免灰渣再燃。

4. 燃烧调整措施

根据燃料种类和燃料含水量的不同，对锅炉上料、启动取料机、给料机及运行时的燃烧调整特做如下规定：

（1）锅炉在运行中燃料不应太湿，燃料颗粒适中，掺混合理。可根据燃料含水量进行配比。如树皮含水量在30%左右、稻壳含水量在12%左右，这样可将树皮、稻壳各30%左右掺混。同时还应注意水冷套内燃料运行情况，可适当调整燃料配比。

（2）注意保持好炉膛压力，不要超过−100Pa，以防止燃料被大量吸入炉膛，产生悬浮燃烧，尤其是颗粒较小体积较轻的燃料，入炉燃料量、炉膛压力不好控制，应避免尾部烟道产生二次爆燃现象。

（3）注意炉排风、点火风、二次风及燃料量的合理配比，炉排风压维持在能够浮动燃料，前墙二次风、点火风要关小，防止物料被吹至炉膛后部燃烧，造成炉渣含碳量过大，造成不必要的损失。

（4）燃烧过程中注意振动炉排振动时间、间隔时间及振动频率，可根据炉排料层厚度来合理调整。料层厚时可加大振动频率，加长振动时间，缩短间隔时间；料层薄时调整相反，要保持炉排尾部要有 20～30mm 燃尽区。

（5）当炉膛压力出现正、负变化较大时，可将取料机做适当调整，同时调整送风量，可先将炉排风降低，待炉膛压力稳定后再提高。同时调整振动炉排振动时间、间隔时间及振动频率。

（6）锅炉燃烧中出现燃料在后部燃烧时，需将点火风加大、前墙二次风关闭、后墙二次风加大。如果是因炉排前部无物料造成，可暂停炉排振动，增加取料机给料量。

（7）锅炉运行中要注意给料在堵料后的处理，堵料后炉膛压力要出现变化，此时要调整好引、送风机的风量配比，防止炉膛压力正负变化过大、频繁。

（8）锅炉运行时注意炉排上不要产生结焦现象，产生结焦现象的主要原因是炉排风量不够，未能使物料翻动，炉排振动振动时间、间隔时间及振动频率没调节好。

（9）注意捞渣机水位，不要破坏水封、影响炉膛压力稳定，要加强捞渣机链条及刮板转动情况的检查，防止链条断链、脱焊，刮板断裂、卡塞。

（10）在入炉燃料体积小、密度大时应该注意炉膛压力的变化，尤其是在振动炉排振动时，要手动增加引风机液力耦合器开度，调节好炉膛压力。

（11）给料机和料仓取料机启动和给料量的操作如下：

1）先开启一台给料机，保持频率在 50%～100% 下运行。

2）开启料仓取料机，在低速下运行，以不埋住给料机螺旋为佳。

3）输料线上料要保持料仓料位在料仓 30％处，防止蓬料。

（12）给料机的连锁控制。当给料机电流达到报警值后将自动反转 5s 后正转，达 50A 时给料机将跳闸。

（13）直线螺旋给料机的操作如下：

1）检查螺旋处燃料情况，以燃料不使螺旋左右受横向阻力为佳。

2）检查螺旋处燃料是否燃烧所需燃料，同时检查燃料内有无大料，要检料细致，不要让大于 50mm 燃料或杂物进入料仓。

3）开启主驱动电动机，按升速按钮启动螺旋，观察链条转动情况，油位是否正常。

4）视螺旋出燃料情况开启行走电动机，整机行走，并检查行走有无异常。

（14）以上操作应尽量避免自动控制。

5. 锅炉燃烧调整状况分析

（1）燃料燃烧过程。燃料进入炉膛后将先在柔性管上堆积，然后在挠性管和给料机的作用下落至炉排前端，并在高温传导和辐射下燃料骨架开始破损断裂，料层成梯形后移，在一次风吹动产生的托浮力和炉排振动的双重作用下，逐步完成预热、干燥、气化、着火、燃烧、燃尽的过程。

（2）风压高低与燃烧工况的关系。

1）当一次风压较低且低于燃料重力时，燃料将无法翻动燃烧，此时应适当提高风压，同时炉排振动时可将下层颗粒较大燃料翻至上层燃烧，燃料在火焰穿透下，加强了完全燃烧程度。

在利用这种方法时，不能使第三级过热器超温。

2）当负荷急剧升高时，如果采用关小炉排风来压制负荷的办法则将会造成吹动浮力下降，使燃料上扬高度降低，燃料堆积密度增加，燃烧减弱，炉膛火焰高度降低，炉膛上部稀相区温度降低，在二次风的吹扫下此症状更为明显，同时由于燃料燃烧强度降低致使主蒸汽压力、温度加速下降,燃料自身无法完全燃烧,在炉排振动力和燃料重心力的作用下后移,翻滚时无法将颗粒较大燃料翻动,致使燃料燃烧程度降低,炉渣内生料量增加,灰渣含碳量相应增加。

3)减小二次风压时,二次风刚度减小,挠性力减弱,将失去二次风作用,在引风机的吸力下,伴随烟气消失。

4)二次风压过大时,将使炉膛内挠动力增强过大,同时携带较大颗粒在负压下上移、飘失。

5)提高炉排风压,将使燃料在一次风吹动下空隙率增加。在炉排振动时翻滚频繁,造成上扬燃料在二次风的作用下,携带飞出部分颗粒落至捞渣机内,如二次风过小,此现状将更为明显。

5.24 燃料灰分大时的运行调整

30t/h灰秆锅炉长期带不满负荷,经过观察主要是燃料灰分太大;燃烧生成的灰量太多,带到尾部烟道形成了很大的烟气阻力,造成了引风机功率增加,很大的负压使得烟气流速变大;超过了设计流速,从而使锅炉燃烧压不住,养不起底火,无法形成良好的燃烧工况,建立不起满足需要的炉膛容积热负荷。这样,又加重了尾部受热面的磨损,降低了热交换效率,大量热量通过烟气和灰渣的形式流失。改变这种状况主要包括三个方面:

一、增加B侧给料机进料量

1. 燃料量不够

由于4号给料机下料多,容易堵料,B侧取料机最大只能加到65%。尽管这样还是造成6号给料机见不到料,形成了偏烧。在燃料灰分大、热值低的情况下,B侧取料机不能开满,限制了锅炉负荷。

2. 改造思路

去除给料分配螺旋加装的挡板(经观察该挡板加重了给料机

分布不均）。在分配螺旋箱体加装活动的下料分配挡板，利用该挡板的作用将料拨到 4 号给料机的背面，使 6 号给料机有料，这样也就减少了 4 号给料机的下料，避免了堵料。因此，B 侧的取料机就可以开满了。

二、利用预除尘器的放灰，减少烟道尾部阻力

（1）利用预除尘器的放灰使除尘器前压差小于 1.3kPa。大幅减少了烟气阻力，烟气流速就能降低，就能保持足够的炉排厚度，建立起炉膛容积热负荷。另外，烟气携灰量减少，可以减轻布袋除尘器的压力、减轻引风机磨损。

（2）在预除尘器下面加装螺旋输送灰设备、将灰排到灰库。只有通过预除尘器的放灰，才能减轻布袋除尘器的压力，使其可以正常工作。

三、调整炉排振动

（1）炉排振动以保持足够的炉排燃料厚度、保持燃料空隙通风率，防止炉排结焦、捞渣机不出生料，炉渣可燃物不应超标。

（2）经过观察炉排振动，在 20MW 以上负荷时，以间隔 400s、振动 11s、振动频率为 95Hz 为宜。

如果能做好以上三个方面的工作，机组多带一些负荷是可以的。

5.25 布袋除尘器的问题

经过检查发现：布袋除尘器，出现了大量布袋下端撕裂。布袋已经起不到过虑烟气、分离灰粒的作用。含尘烟气从裂缝逸出，通过引风机从烟囱排出。

一、现象

1. 布袋失去了滤灰作用

由于布袋破损、除尘器阻力降低，改变了除尘器前后压差，烟气自由地从布袋的开口处通过，在落灰仓室形成了很大的负压，流速大于灰尘颗粒的单位质量，使得灰粒不能落入灰仓，而是在气流的作用下，没有经过布袋的分离作用，便离开了除尘器仓室。

2. 烟气携灰量增加

由于滤袋不起作用，灰粒混着烟气流经过布袋裂纹的空隙，快速离开了除尘器，除尘器下部灰室无灰。大量含尘烟气通过了引风机，加剧了叶轮磨损，降低了引风机使用寿命，灰粒从烟囱排出，污染了环境。

3. 改变了烟气流速

烟气穿过撕裂的布袋、烟气阻力的降低，将会改变锅炉燃烧状况。布袋前的烟气流速加快，使火焰上移，燃烧时间不够，通常以过热器二回程不完全燃烧产物增加的方式表现出来。

二、造成的原因

1. 除尘器堵塞

由于烟气携灰量大大超过了设计值，大量灰尘颗粒附着在布袋上，布袋除尘器长期堵塞，使布袋端差增大，尤其是灰分、湿度大的时候，尤为严重。

2. 喷吹压力

启动喷吹时，在布袋里面产生了很大的压强，当除尘器布袋被灰严密包裹着，压力无法排泄，就会对布袋产生一次次的冲击，当布袋不能承受冲击时就会撕裂。

3. 排烟温度高

排烟温度长期在150℃，这样的温度加剧了气体对布袋的脆化作用，也是布袋损坏的一个原因。

4. 玉米芯的黏度

玉米芯含有大量的糖分，在较高的温度下，黏度大的灰颗粒黏附在布袋上面，不易在喷吹作用下掉落，也是布袋撕裂的原因。并且还容易产生自然现象，烧损布袋。

5. 喷吹气源

布袋喷吹必须使用医用压缩气源，杂用气源里的水分和灰结合，容易黏糊在布袋上面。

三、解决的方法

（1）更换损坏的布袋。

（2）布袋更换后加强下部灰室放灰，不应产生堵塞现象。

（3）缩短喷吹时间，降低喷吹压差定值，以 1200Pa 开始喷吹、800Pa 停止为宜。

（4）调整燃烧，降低烟气流速，减少烟气携灰量。

（5）燃料掺配，降低燃料灰分含量和灰分里的黏性。

（6）预除尘器放灰一定要畅通，减少进入灰室布袋的烟气携灰量。

（7）增加一套预除尘器机械放灰装置。

由于国情燃料灰分大的原因，生物质锅炉的预除尘器和布袋除尘器的设计都偏小，因此，一定要加强对于除尘器维护，防止堵塞。

5.26　锅炉燃烧的诊断与调整

对锅炉灰渣含碳量居高不下、排烟温度高、带负荷能力不强等燃烧结构存在的问题进行了实地观察和分析，得出了如下结论：

一、对锅炉燃烧问题的诊断

1. 燃料水分大

由于燃料水分大（大于 45%），发热量低，为 6270kJ/kg，当锅炉带到高负荷时，锅炉内就会形成水蒸气释放吸热，然后才是燃烧放热的过程。并以锅炉频繁的冒正压的形式反映出来。锅炉里大量的水蒸气降低了炉膛温度，加入的氧在水蒸气的环绕下，形成屏障，难以与火焰进行充分混合。以致燃烧缺氧，如果弥补这部分氧量，就要加大风量。风量加大了，势必造成烟气量增大、烟气流速增加。炉内穿透火焰的烟气就会快速流动，以至于影响了锅炉的稳定燃烧，造成炉内燃烧时间不够，大量可燃物逸出，大量烟气损失。

2. 燃烧灰分高

燃料灰分高（大于 30％），燃烧时的灰分阻碍着燃料与氧的结合，如果达到氧与燃料的快速结合，就得提高一次风的穿透能力。一次风过量的增加就破坏了生物质床层燃烧的基本特点。一次风的提升，也限制了二次风的加入。因为大量的一次风穿透料层组成了燃烧工况，氧量就已经足够了。再依照一、二次风的配风率加入二次风，势必会造成燃烧区域过氧燃烧，以至于使炉膛温度降低。没有较高的炉膛温度，就不能建立起高强度炉内燃烧，自然就产生了不完全燃烧。

3. 炉排振动时冒正压

（1）由于燃料热值低，构建锅炉燃烧工况、满足炉膛容积热负荷就需要较多的燃料。超过设计厚度的燃料堆积在炉排上，容易结焦，尤其是燃烧玉米芯等强结焦性燃料时，炉排上的焦渣使一次风不易穿透，当炉排振动时，断裂粉碎的焦渣瞬间迸放出大量可燃物质，立即与高温火焰接触燃烧，燃烧时的容积膨胀，形成了正压。

（2）炉排振动时大量的水蒸气逸放和灰渣的扬尘作用，造成锅炉瞬间灭火，产生了爆燃现象。

4. 布袋失去了滤灰作用

由于除尘器布袋大多下口撕裂，含尘烟气短路、进入除尘器，改变了除尘器前后压差，烟气自由地从布袋通过，在落灰仓形成了很大的负压，流速大于了灰尘颗粒的单位质量，使得灰粒不能落入灰仓，而是在气流的作用下，离开除尘器，进入了引风机。

5. 烟气携灰量增加

灰粒不能从下部排灰器排出，基本都经过了上端布袋裂纹的空隙排走，大量含尘烟气通过引风机，加剧了叶轮磨损，降低了引风机使用寿命，并且污染了环境。

6. 改变了烟气流速

烟气穿过撕裂的布袋、烟气阻力的降低，改变了除尘器前后压差，布袋前的烟气流速加快，改变了锅炉燃烧状况，使火焰上移，燃烧时间不够，通常以过热器二回程不完全燃烧产物的增加表现出来。

7. 加速布袋的损坏

布袋喷吹错误的使用了杂用气源，空气里的水分和灰相遇，容易黏糊在布袋上面，加速布袋的损坏。

8. 布袋烧坏

燃烧玉米芯产生的黏性含尘烟气，在高的烟气温度下容易造成自燃，烧坏布袋。

9. 炉排厚度

(1) 现在的燃料基本是玉米秸秆、玉米皮和少量的玉米芯和树皮。太多的轻质燃料热值低，养不起炉排厚度，蓄热能力不够，很难建立起炉膛容积热负荷。一般负荷只能保持 22MW 左右。

(2) 为了带高负荷，只能大量增加燃料，超过了炉排的承受力，在有限的空间里燃烧时间不足，不完全燃烧就出现了，还会造成炉排结焦。

10. 风量配比

一次风的使用大大超出了 4∶6 的设计值，加强二次风，建立燃烧刚性，又使得区域燃烧过氧，炉膛温度下降，出现典型的动力燃烧工况。尤其是前墙二次风超过 25%，就会出现轻质燃料玉米皮落入渣井。只有想办法保持高端的温度才能使炉排高端着火，形成整床燃烧的态势；只有相应地扩大燃烧空间，才可能建立起高效的炉膛容积热负荷。

利用下部点火风增加炉排高端燃料的空隙率，利于干燥和燃烧

二、其他问题和建议

(1) 锅炉漏风率太大，尤其是前墙进料口处的漏风最为严重。

(2) 加强预除尘器的放灰、两侧输灰管道不能堵塞。尾部烟道的大部分灰量只能依靠放灰。

（3）加强空气压缩机罐的放水，防止水分进入表管和布袋喷吹。

（4）停炉时更换除尘器布袋，建立一个稳定的端差，不能使下部放灰管道堵塞，保障除尘效率。

（5）均匀给料，避免10、40号线形不成料塞，漏入冷风。

（6）加强引风机检查，注意叶轮磨损的发展。

（7）空气压缩机罐疏水要作为定期工作。

（8）燃料掺配时注意多掺水分少的燃料。

（9）在尾部烟道和烟气折向处加装放灰管。

（10）燃料掺配时玉米芯不能超过30%，防止炉排结焦。

（11）加强培训，让员工懂得锅炉床层燃烧技术在使用入炉燃料燃烧调整时的基本理论。

三、锅炉燃烧调整

（一）基本思路

（1）将炉排厚度控制在既能满足炉膛容积热负荷又使得一次风能够穿透，燃料与氧能够很好的结合，炉渣含量小于8%。

（2）均匀进料，10、30号给料机能够形成料塞。

（3）一次风穿透料层，二次风能够在保持炉膛温度的前提下，形成强劲的扩散燃烧工况。

（4）一般在炉膛温度高的时候使用燃尽风，形成真正意义上的燃料燃尽，减少过热器以后的烟气含碳量。

（5）利用下部点火风制造燃料的空隙率，形成炉排高端燃料着火，制造全床燃烧工况。

（6）尽量将燃烧控制于一个假想的火焰中心，离炉排2m内，促成强烈燃烧。

（二）锅炉燃烧调整结论

2012年11月13日9：00开始进行锅炉燃烧调整试验。

1. 试验燃料

玉米芯20%、玉米秆30%、玉米皮20%、树皮20%、锯末10%，基本都是轻质燃料。燃料分析原始记录表见表5-17。

表 5-17 　　　　　　　　　　燃料分析原始记录表

项目 ＼ 种类	10点入炉料	9点入炉料	11点入炉料	玉米芯	锯末	树皮	玉米秆	15点入炉料
全水分（%）	39.75	51.71	37.88	58.35	34.71	39.76	43.04	44.73
内在水分（%）	4.62	2.69	0.93	1.98	2.29	2.5	2.17	3.37
灰分 盘重（g）	19.43	17.704	18.872	20.219	19.217	18.409	18.933	18.039
灰分 燃料重（g）	1.012	0.997	1.001	1.011	1.001	1.01	1.001	0.998
灰分 盘＋灰（g）	19.711	17.94	19.175	20.314	19.343	18.67	19.3	18.234
灰分 灰重（g）	0.281	0.236	0.303	0.095	0.126	0.261	0.367	0.195
灰分 灰分（%）	27.77%	23.67%	30.27%	9.40%	12.59%	25.84%	36.66%	19.54%
燃料重（g）	0.557	0.547	0.55	0.591	0.582	0.616	0.58	0.539
应用基低位发热量（kJ/kg）	7048.22	5695.85	6573.4	5187.76	9612.98	7261.69	4791.26	7049.8

灰渣种类	10点灰样	10点1号捞渣机	10点2号捞渣机	11点1号捞渣机	11点2号捞渣机	15点1号捞渣机	15点2号捞渣机	
盘重	16.626	19.671	18.021	19.893	17.285	20.257	19.395	
灰渣重	1.012	1.007	0.992	1.007	1.108	0.998	0.999	
灰渣＋盘重	17.638	20.678	19.013	20.9	18.303	21.255	20.394	0
灼后重	17.564	20.659	18.983	20.851	18.236	21.208	20.303	
失去重	0.074	0.019	0.03	0.049	0.067	0.047	0.091	0
可燃物	7.31%	1.89%	3.02%	4.87%	6.58%	4.71%	9.11%	

2. 试验参数

在 22MW 以上负荷工况下锅炉参数参考值见表 5-18。

表 5-18　　在 22MW 以上负荷工况下锅炉参数参考值

项　目		参考值
总风压（kPa）		7～7.6
氧量（%）		3～6
一次风（%）	高端挡板开度	75
	中端挡板开度	85
	低端挡板开度	50
二次风（%）	后墙挡板开度	30
	前墙挡板开度	20
	点火风挡板开度	30
	燃尽风挡板开度	0～40
炉排振动（s）	间隔时间	340
	振动时间	13
扰动频率（Hz）		95

3. 试验结论

（1）在上述燃料和参数工况下，稳定燃烧 2h。

1）锅炉燃烧工况稳定，负荷为 20～24MW。

2）排烟温度为 142℃。

3）炉渣含碳量为 3.02%～6.58%，炉灰含碳量为 1.89%～4.87%。

（2）由于试验燃料为轻质燃料，热值低、不能带高负荷，所以又加大了玉米芯的掺配。当玉米芯掺配量超过 30% 时，发现炉排结焦加剧、炉排振动时正压大，不完全燃烧产物增加。

经过调整燃料，玉米芯控制在 30% 以下，掺配 10%，硬质燃料（木屑）。调整燃烧结果如下：

1）负荷稳定在 25～29MW。

2）排烟温度为 148℃。

3）炉渣含碳量为 9.11%，炉灰含碳量为 4.71%。

调整后的锅炉燃烧需要稳定一个阶段，因为锅炉燃烧是不断变化的，一个因素有了变化就会影响到其他方面。

5.27　锅炉运行的问题和设备改造

某锅炉投产运行一年多，炉内呈现出高效燃烧，总体工况良好，但是炉灰含碳量一直比较大，影响了经济效率；烟气冷却器发生了几次泄漏，影响了安全运行。

一、播料风压过大

播料风压大于 5kPa，根据以往做过的播料试验，风压大于或等于 3kPa 就可以将燃料均匀地播布到炉排高、中端。即便排除了燃烧阻力等扰动因素，现在的播料风压也是偏高。

热态时的播料风压为冷态试验风压＋0.5kPa。

如此大的播料风压，造成燃料堆积在炉排高端，使得炉排高、中端燃烧缺氧。燃烧形成了大量的还原性气氛，烟气里不完全燃烧颗粒后移，造成二回程炉灰含碳量大于 8%。

二、后墙二次风偏小

后墙二次风开度小于 10%，不能满足火焰中心强烈燃烧的氧量。燃料离开燃烧强烈区域后，由于缺氧燃烧，燃料不能燃尽；又由于炉膛上部温度急速下降，缩短了燃烧空间，形不成完全燃烧，所以不完全燃烧损失增加。

三、燃料水分大

入炉燃料水分大于 45%，燃料水分在炉内经过吸热、干燥、气化的变化，改变了燃烧的空间位置，进一步造成了不完全燃烧产物的生成。

四、炉排振动

现在炉排振动设定 25～30min，炉排低端死区太大，燃料层的扰动作用不够，燃料与氧的结合不好，无法充分燃烧，出现了炉渣量太少、炉灰量太多的现象。

五、设备改造

1. 振动炉排间隙

当料层厚时振动炉排经常振不起来，发现炉排两边外侧间隙不够，检查发现炉排两侧高度间隙不够，应为 13.5mm，并扩大炉排 4 片之间的间隙，由 2mm 扩大至 4mm，处理后振动正常。振动炉排结全部位图如图 5-6 所示。

当炉排不能振动时，可以采取改变频率或者手动方式改造垂直间隙至 13mm。

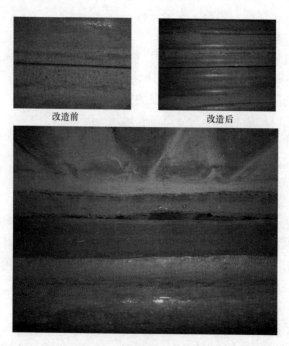

改造前　　　　　　　改造后

图 5-6　振动炉排结合部位图

2. 落料分配板

落料管内的三通拨料分配板为机翼式，两片尾翼为等距设计，等距尾翼左右摆动，1～6 号给料机平均给料，1、6 号给料机给料布置在侧墙水冷壁。由于水冷壁的吸热作用区域温度低、燃烧慢，炉排边缘又是低氧部位，造成此处的燃烧迟缓、燃料堆积，容易结焦。

将落料分配板外侧尾翼截短，造成边缘播料能力降低，减少了1、6号给料机的料量，使得炉排上2～5号给料机对应的区域相对于1、6号给料机对应的炉排区域的燃料厚一点，在保证炉排中心燃烧的同时，防止了炉排两侧燃料堆积、结焦。

3. 引、送风机液力耦合器

送风机液力耦合器初始转速高，达到457r/min，校正为141r/min。引风机液力耦合器勺管装反了方向，进行了改正。

六、尾部受热面的低温腐蚀

由于锅炉强力燃烧集中在二次风口以下，燃烧程度好，烟气温度递次降低速度快，炉膛出口后的烟温不是太高，比大多电厂低20～30℃，排烟温度小于125℃。需要防止尾部受热面的低温腐蚀，尽量提升该处的温度。酸性腐蚀的临界点是小于70℃（低压循环水泵出口温度为83℃），可是烟气冷却器部位的负压很大，极易发生漏风，外面的冷风进入，可使个别管子、某个区域的温度低于腐蚀点，造成低温腐蚀。

该电厂运行仅仅一年，低温烟气冷却器腐蚀已经相当严重，需要更换。主要原因是烟气冷却器区域温度低于规定的90℃，个别管子周围温度低于70℃，形成了金属的酸性腐蚀。

七、建议

（1）播料风压应小于4.5kPa。

（2）后墙下二次风大于15%、后墙上二次风大于15%。

（3）炉排振动间隔小于20min。

（4）修复看火孔，根据火焰颜色和料层布置调整燃烧。

（5）将低温烟气冷却器区域温度提高到90℃以上，防止酸性腐蚀。

5.28　对 48t/h 锅炉的探讨

一、现状分析

48t/h 黄秆锅炉，如果燃料水分在 35％以上、灰分在 25％以上，燃料品质已经远离于设计值，无法运用国外生物质床层燃烧理论，指导锅炉燃烧调整了。

锅炉炉排太窄小，长宽幅度上燃料燃烧，已经无法满足锅炉容积热负荷。燃料只有向上堆积，只能以高厚的燃料燃烧时的蓄热量，尽可能地多带一些负荷。

锅炉炉排做小了，准备扩容，在炉排前端增加一段 2m 长的炉排，与原有炉排形成往复联合炉排。

为了适应蒸发量只能供给大量燃料，造成了燃料在炉排堆积过厚，只能依靠大量的一次风浮动燃料，增加燃料间隙，制造燃烧结合面，形成动力燃烧的局面。

含水燃料进入炉排高端不能及时燃烧，只能形成预热、干燥、气化的过程。燃烧后移、火焰强烈区域集中到炉排中后位置，造成燃烧时间不够，大量未燃尽的燃料排出。

燃料在干燥、气化、膨胀过程中，生成了大量的雾状烟气，造成了热量流失，又增加了受热面积灰，振动炉排时以极大的正压形式出现。

一次风的大量使用，使火焰上移。使用二次风会降低炉膛温度；限制二次风的使用，就无法形成理想的强烈燃烧。

12MW 锅炉使用现有的国情燃料，结果是既不能满负荷运行又使燃料单耗居高不下。利用现有的手段已经无法根本改变燃烧工况。

二、改造设想

(1) 在不破坏炉排和炉膛本体的基础上，改变上料系统，在取料机下方安装 2 个内置螺旋圆形烘干箱，下面开口到给料机（取消了上料分配螺旋）。

流程是取料机→内置螺旋圆形烘干箱→给料机→炉膛。

在内置螺旋圆形烘干箱体下方开通 N 个热风接口，可以根据燃料的湿度随时调整烘干箱风量。利用 200℃ 热风干燥燃料，以降低燃料燃点温度，促成炉排高端着火，相对地增加了炉排利用率，形成有效燃烧，保障燃烧强度和燃烧程度。

（2）利用现有的缓冲料斗，在其周围开口，通入热风。开口位置应考虑不影响下料，可以多开几排孔口，根据使用效果开闭。

（3）可能带来的影响是送风机风量不够用，干燥后的乏风经箱体上部开口出来后，能否回收利用。

（4）如果经过干燥，水分达到 35% 以下，炉排高端就可以着火，料层厚度就可以大幅降低，一次风就可以大幅减少，锅炉就可以建立高效燃烧。

经过多个项目的试验：燃料水分在 35% 以下、灰分在 15% 以下，可以构建强烈锅炉燃烧，燃烧效果良好，可以形成锅炉燃烧的良性循环。

（5）在无法保持燃料水分在 35% 以下、灰分在 15% 以下的情况下，只能依靠锅炉改造，适应燃料，保持正常燃烧。

三、燃烧调整意见

燃料水分为 50%、灰分为 20% 的燃烧调整意见如下：

（1）炉排燃料厚度。以不堵塞给料机出口、造成电流增大情况下，尽量多地增加燃料，以期多带负荷。

（2）炉排振动。以不出生料、正压不太大为准。

（3）风量。在大量使用一次风的时候，根据燃料质量尽量多使用二次风。当燃料水分超过 45%，一定要开启点火风 30%。

（4）利用天气加强燃料晾晒，尽量去除燃料里的水分。

（5）处理关不严的阀门、挡板。

（6）校对各压力、温度计量表。

（7）恢复炉排看火口。

国内现在 48t/h 生物质锅炉，都存在燃烧不完全现象，有待研究、改进。

5.29　锅炉烟气热损失的影响

某锅炉燃料单耗达到 600g/kWh、汽耗达到 4.165kg/kWh，影响了经济效益。分析原因主要为烟气热损失。烟气热损失由质——排烟温度、量——烟气容积组成。大量烟气热量经烟囱排出，容积热烟气的损失，极大地降低了锅炉效率。造成烟气热损失的原因如下：

（1）燃料中水分大于 40%，燃烧中形成的雾状烟气远远超过了设计烟气量，大量的烟气无效的排出。通过烟囱便能看到浓雾状烟气逸出，容积热烟气的损失成为了最大的锅炉热损失，这也是燃料单耗居高不下的最根本原因。

（2）没有构建成强力的锅炉燃烧，使用了过高的播料风量、并且在强劲前墙二次风的扩散下，布散到炉排柔性管区域，利用这种方法干燥燃料的同时也相应地增加了炉排的使用面积，增加了燃料的燃烧时间，利于燃料的燃尽。

（3）炉排振动间隔时间设定为 900s，长时间的炉排静止，容易造成燃料在炉排上板结。燃料间隙缩小、与氧的结合面不够，燃烧难以高效进行。

（4）炉排燃烧参数里炉渣占 25%、炉灰占 75%，只是设计数据。大多锅炉的灰渣比为 5∶5，由于长时间不运行振动炉排，炉渣含碳量极少，炉渣容易板结，不能以减少炉排振动来降低炉灰含碳量。锅炉效率的提高是要全面考虑的，尤其是要防止排烟温度过高。

（5）锅炉烟气量增加后，烟气的携灰量增加了。炉渣含碳量的降低是燃烧时间增加和炉排低端惰性炉渣燃尽的结果，这样的结果是以生成大量烟气做代价的。如同一个家用炉子，不勾动炉排自然漏灰时炉渣呈灰白色，勾动炉排时就会有烧不透的炉灰颗粒掉落。但是勾动了炉排燃烧就能变得强烈一点，不能因为表面的炉渣含碳而牺牲合理的燃烧构造。

（6）由于炉排低端是低温区，所以后墙二次风不能多使用，无法形成强烈燃烧。没有后墙二次风的扰动、旋流作用，就不能形成高强度燃烧，炉内就不能建立高强度的辐射燃烧区，不能最大效率地生成炉内容积热负荷。

（7）高压空气预热器旁路不开启，其只是特殊情况时使用，正常运行时尽量不要开启。它开启了就像减温水的作用一样，降低烟气温度；关闭后，热风温度上升 20℃，为锅炉燃烧工况的改善创造了条件。

（8）蒸汽吹灰阀门不严，不吹灰时只能开启疏水门泄压，造成了热量损失。

（9）各个风门挡板需要标定，前墙下二次风挡板关到零时还有 1.5kPa 的压头，及其不准，氧量表不准，不能反映真实的过量空气系数。

（10）燃料水分高过 45％，容易生成大量的气雾烟气；烟气容积的扩散，也是热损失的重要原因，需要加强燃料的晾晒，去除燃料水分，以改善燃烧工况。

5.30　锅炉的试验与调整

130t/h 灰秆生物质锅炉，由技术人员进行了冷态空气动力场、风门挡板特性、锅炉漏风及播料风布料试验，最后进行了锅炉的燃烧调整试验。

一、风门挡板特性试验

1. 风门挡板的检查结果

检查发现后墙上二次风挡板卡涩，DCS 画面显示 100％，实际开度为 30％。前墙下二次风风门挡板下垂，不能开关，经处理后又发现 DCS 画面显示 100％时，就地为 80％。检修处理后，挡板开关灵活。对前墙上二次风各个分门的开关方向进行了重新标定。修正系数见表 5-19，各风门开度与风量关系曲线如图 5-7 所示。

表 5-19 修 正 系 数

风 道	风门开度 （%）	DCS 流量 （t/h）	修正系数	修正后风量 （t/h）
二次风	25.00	67		73.2
	50.00	107	1.09	116.8
	75.00	121		132.1
高端风	25.00	9		7.3
	50.00	24	0.82	19.6
	75.00	36		29.4
中端风	25.00	13		15.9
	50.00	41	1.23	50.2
	75.00	53		65.0
低端风	25.00	10		9.8
	50.00	24	0.98	23.6
	75.00	30		29.5

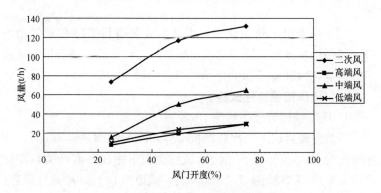

图 5-7 各风门开度与风量关系曲线

2. 建议

（1）将风门挡板的处理过程和结果记录到技术资料里。

（2）运行操作时挡板一般不可进行快速开闭。

（3）将后墙二次风温加入运行报表。

（4）在风门的轴头上划开关指示线。

二、冷态空气动力场试验

冷态空气动力场如图 5-8 所示。

图 5-8　冷态空气动力场

1. 冷态空气动力场试验结果

（1）试验基本反映了炉排空气动力场的真实性，大部分滑石粉能够浮动吹起，四周水冷壁能够均匀的附着，说明炉排具备较好的空气穿透性。

（2）没有发现滑石粉明显的堆积现象。

（3）没有发现滑石粉吹空的现象。

（4）炉排中端左侧有 1m² 、右侧中端有 1m² 和低端右侧区域滑石粉未见穿透，证实该区域炉排孔眼不通。

2. 建议

（1）组织人员再次疏通炉排孔眼。

（2）进行锅炉空气动力场试验时，选用干燥的滑石粉。

（3）对发现的风室和管道漏风进行处理。

三、锅炉漏风试验

1. 结论

（1）将炉膛负压维持到 350Pa 时，未发现炉膛焊口焊缝、法兰接口、风门挡板、人孔门等处有明显的白灰冒出。证明锅炉的密封良好。

（2）个别部位，如挡板的穿轴处、风门盖板等部位有漏点。

2. 建议

（1）对发现的露点进行消除。

（2）四级过热器以后的烟道用负压法进行查漏。

四、播料风布料试验

1. 播料风布料试验结论

播料风压为 3kPa 时，燃料只能分布到炉排中端；播料风压为 4ka 时，燃料可以分布到炉排高端；播料风压为 4.5kPa 时，有一部分燃料播布到了柔性管上面；经过比较，最后确定播料风压为 4.2kPa 为宜，此时燃料在炉排两侧分布比较均匀，呈现出炉排高端燃料多、低端少的现象，符合炉排布料的要求。

2. 建议

（1）进行播料试验时，一次风不可开得过大，避免播料时看不清楚。尽量开大下二次风，形成播料时的抛物线。

（2）锅炉冷态布料试验的风压不能代表热态时的风压，因为锅炉热态时空气的密度小，黏性增加，加上高糖项目的硬质燃料较多，所以播料风压运行时要大于 5kPa。

五、锅炉燃烧调整试验

（一）调整前的工况

（1）送风机出口风压为 7.3kPa。

（2）一次风量高端为 17t/h、中端为 42t/h、低端为 17t/h

（3）二次风量前下为 1.05t/h、前上为 1.7t/h，后下为 0.4t/h、后上为 1.05t/h。

（4）播料风压为 4.4kPa。

（5）风温为 215℃。

（6）炉排振动时间为 15s、间隔时间为 440s。

（7）汽压为 7.5～8kPa。

（8）负荷为 24～28MW。

（二）问题

1. 播料风压不够

燃料大多播布到了炉排中端；少量的轻质燃料飘落到炉排高端，高端区域燃料薄，在一次风的吹动下，燃料气隙性好，燃烧强烈。炉排中端燃料太多、积堆；炉排两侧，尤其是 1 号给料机部位的炉排孔眼堵塞，燃烧不能及时、完全，容易结焦。为了破坏该区域的炉排结焦，只能加强炉排振动，炉排振动的频繁又造成了炉排低端堆积，形成了炉排低、中端燃料堆积，高端料少的现象。

2. 前墙上二次风太多

1.7kPa 风量降低了炉排低端区域的温度。炉排的低端区域属于典型的动力燃烧工况，需要的是温度，前墙上下二次风、播料风加上锅炉漏风，过量的风量快速降低了该区域的温度，灰渣中的大量可燃物在灰壳的包裹下，无法燃烧，随着捞渣机排出。

3. 后墙下二次风不够

0.4kPa 的二次风量无法满足炉排中、高端燃烧的需要。炉排中端区域是锅炉燃烧最强烈的地方，是典型的扩散燃烧工况，需要大量的氧及时补充。

4. 燃烧时间不够

大量燃料播布到了炉排中端，增加了燃料厚度；相对缩短了炉排的长度，没有来得及燃烧的燃料到了炉排低端，又无法进一步燃烧，灰渣里大量含碳燃料随着捞渣机排出。

（三）锅炉燃烧调整的指导意见

1. 风量的参考值

28～30MW 负荷工况下锅炉配风参考值见表 5-20。

表 5-20   28～30MW 负荷工况下锅炉配风参考值

项　　目		参考值
总风压（kPa）		7.5～8
氧量（%）		3～5
播料风风压		5～5.2
一次风（t/h）	高端	20
	中端	40
	低端	16
二次风（kPa）	后墙下	1～1.2
	前墙下	1～1.2
	前墙上	0.8～1
	后墙上	0.5
炉排振动（s）	间隔时间	420～500
	振动时间	15

2. 排烟温度

排烟温度为 144～150℃，根据实际风压，可以开大前、后二次风，将火焰压制在炉膛下部，也可以利用高温空气预热器的大旁路，改变烟气区域温度，调整排烟温度。

3. 锅炉燃烧调整的基本设想

（1）尽量将燃料播布到炉排高端区域，充分利用炉排的空间增加燃烧时间，以利于燃烧完全。

（2）加强前、后二次风量，在炉排中端构建一个高强度燃烧中心，满足炉膛容积热负荷。

（3）利用前、后上二次风，控制排烟温度。

（4）利用一次风穿透燃料，增加燃料的空隙率，并且搅动灰渣层，防止炉排结焦。

（5）利用炉排振动，颠覆床料，增加燃料与氧的结合面，均衡炉排上面料层高度，强化燃烧，防止炉排结焦。

锅炉燃烧调整是一个复杂的、多变的过程，值得探讨。

5.31　后拱水冷壁高温腐蚀的防止

130t/h灰秆生物质锅炉，由技术人员进行了风门挡板检查、风量标定试验、送风机的调节特性试验、播料风布料试验和锅炉的燃烧调整试验。

一、锅炉风门挡板的检查和建议

1. 风门挡板的检查

经管道开口检查，后墙上二次风门挡板在DCS开度为50％时实际开度为20％，下二次风不能远方操作。前墙下二次风DCS开度为50％时，实际开度为20％；上二次风分门没有全开。高端一次风门关不到零位，挡板在10％就不能动了，只能手动调整。

2. 建议

（1）将发现的错位风门挡板校正。

（2）将风门挡板的处理过程和结果记录在技术资料中。

（3）运行操作时挡板一般不可快速开闭。

（4）在风门的轴头上画开关指示线。

（5）全开前墙上二次风分门。

（6）及时处理有缺陷的风门，使风门能够远方操作。

二、风量标定试验

在各风门全开、送风机维持80％负荷、炉膛负压－5MPa工况下标定一、二次各风门风量，各风道风量修正系数见表5-21。

表5-21　　　　　　　　　**风量修正系数**

风　道	风门开度（％）	风　速（m/s）	DCS流量（t/h）	修正系数	修正后风量（t/h）
二次风	100.00	7.39	62.00	1.28	79.06
高端风	100.00	11.38	41.50	0.58	24.01
中端风	100.00	11.39	33.40	1.13	37.60
低端风	100.00	9.77	20.10	1.03	20.05

各风道动压分布见图 5-9、图 5-10，高、中低风道动压分布均匀，由管道中心向两壁缓慢减小。二次风距离弯头较近，弯头外侧动压大，动压分布受到影响。

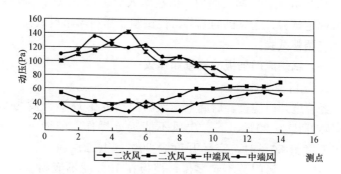

图 5-9　二次风、中端风风道测点动压分布

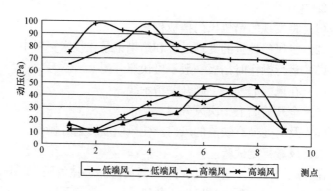

图 5-10　高、低端风道测点动压分布

三、送风机的调节特性试验

因为时间关系，只做了送风机液力耦合器特性试验，送风机挡板全开，调整引风机，保持炉膛负压 $-50 \sim -100\,\mathrm{Pa}$，具体数据见表 5-20，液力耦合器开度与风压、总风量曲线如图 5-11 所示，液力耦合器开度与转速、电流曲线如图 5-12 所示。

表 5-22   送风机液力耦合器特性数据

液力耦合器开度（%）	电流（A）	风压（kPa）	转速（r/min）	DCS 风量值（t/h）				总风流量（t/h）	修正流量（t/h）
				设计值	高	中	低		
0	31	0.4	295	16	11.5	9.2	5.8	42.5	43.37
10	32	0.622	337	19.3	13.7	11	6.7	50.7	51.80
20	35	1.57	737	32.3	21	17	10.9	81.6	84.12
30	43	3	760	45.8	30.6	25	15.8	117	120.25
40	52.8	4.55	923	57.1	38	31	19.6	145.8	149.94
45	62.2	5.9	1049	65.6	43.6	35	19.9	164.3	168.94

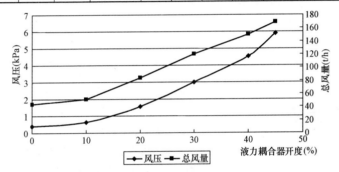

图 5-11 液力耦合器开度与风压、总风量曲线

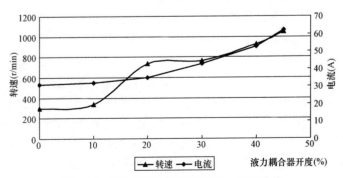

图 5-12 液力耦合器开度与转速、电流曲线

1. 结论

送风机液力耦合器开度与风压、总风量、电流关系曲线变化平滑，转速值在液力耦合器开度 10%～20%时突增，在 20%～30%时平稳。

2. 分析原因

20%开度时，运行人员抄错转速值，或转速表显示有问题。

四、播料风布料试验

播料风压为 3kPa 时，燃料只能分布到炉排中端；播料风压为 3.2kPa 时，燃料可以分布到炉排高端；播料风压热态时因为黏性和风量扰动的因素，建议取 3.5kPa 为宜。

五、锅炉的燃烧调整试验

（一）锅炉燃烧工况分析

1. 水冷壁后拱结焦分析

（1）锅炉炉墙后拱结焦，经检查风门挡板在 DCS 画面开度为 50%时实际开度为 20%；经查运行记录，锅炉运行时前墙上二次风压为 0.8～1kPa，后墙下二次风压为 0.4kPa；该区域用风明显偏小，加装后拱温度计显示为 1300℃，锅炉后墙的剧烈燃烧，造成了严重缺氧；区域温度超过了炉灰的融化温度，使得后拱结焦。高温烟气里的碱金属硫化物、氯化物与其他氧化物的高浓度颗粒聚集附着在水冷壁，层层腐蚀剥离水冷壁，管道减薄到 2.0～3.5mm，形成了爆管的隐患。

（2）水冷壁后拱的遮焰作用、燃烧射流的刚性、热辐射的蓄能惯性和后拱的反射作用，使后拱区域成为锅炉最高温度区。紊乱热黏性颗粒与水冷壁的附着形成的热阻使得热力交换能力下降。结焦部位的温度越高、颗粒融化越迅速，腐蚀速率越快。

（3）焦渣附着到后拱水冷壁，形成了热阻，降低了热交换能力，由于焦渣灰垢的影响，管子里的汽水混合热量交换率比结焦前减小。又进一步提升了该区域温度，高于 1300℃的持续融化温度，使火焰里的颗粒一层层的附着，氯化物周而复始地渗透、腐蚀。

（4）后拱水冷壁的遮焰作用，使炉膛后部温度居高不下，后拱应该设计为水冷壁拉稀管，利用增加热交换面积的方法，在遮焰作用的同时增加水冷壁吸热量，才可以降低后拱温度，平衡炉膛温度场。

（5）降低水冷壁后拱温度，使得燃烧调整异常困难。根据以往的经验，将燃料播布到炉排中端，能够在炉排中端建立高强度燃烧，后拱水冷壁温度自然降低，可是减少了炉排的燃烧长度，造成燃烧时间不足，燃料烧不透，不完全燃烧增加。加强后墙下二次风，也能够向炉排中端转移燃烧，可是使得炉排高端在高温富氧下燃烧异常剧烈，对降低后拱温度作用不大。加强后墙上二次风，能够降低后拱温度，使未完全燃烧的燃料迅速被烟气携带，增加不完全燃烧。加强前墙下二次风，能够增加燃料播布的均匀性，又产生了轻质燃料的向上飘逸的问题。

（6）根据锅炉燃烧理论和床层燃烧技术，炉后的用风量是炉前的两倍。目的是在炉后扩散燃烧区域加强氧的作用，在炉前动力燃烧区域提高温度，形成全床燃烧，均衡炉膛温度场。

（7）试验证明，炉排高端一次风在燃料水分小于20％时，不可开大；当高端一次风大于15t/h时，燃烧迅速上移，后拱温度超过1300℃。

（8）炉排振动间隔时间设置为25min，间隔时间太长，不利于一次风穿透，炉排容易结焦，料层厚度也会使燃烧上移。

2. 锅炉后拱水冷壁腐蚀的条件

（1）锅炉负荷高、炉膛温度高。

（2）燃烧高温区处于炉排高、中端区域，靠近后拱水冷壁。

（3）后墙二次风不够、不能冷却后拱水冷壁区域温度。

（4）棉花秸秆碱性物质氯化物的含量高，在高温下释放迅速、腐蚀加剧。

（5）水冷壁后拱温度大于1300℃，超过了烟气颗粒的融化点，出现了结焦。

（6）炉排高端一次风太大，燃烧上移。

（7）棉花秸秆中钾的含量为31.76％，致使燃料灰熔点低。变

形温度 T_1＝660℃，软化温度 T_2＝820℃，熔化温度 T_3＝830℃。

（二）锅炉燃烧调整的指导意见

1. 锅炉燃烧调整的基本设想

（1）在无法改变燃料里碱性氯化物含量和还原性气氛生成的条件下，采取提高后墙燃烧风量的方法，淡化氯化物，破坏它的形成浓度，稀释后拱氯化物高浓度的聚集，降低腐蚀速率。

（2）加强炉墙后部的风量，保持后拱水冷壁火焰温度在1300℃以下，破坏灰渣的融化条件，防止结焦。

（3）运用播料风、炉排振动和二次风，将炉排高温区域向中端转移，以期在炉排中端区域建立高强度燃烧。

（4）在炉排中端构建一个合理的锅炉燃烧中心，以递次衰减的炉内温度场形式，后拱下为1200℃、后拱上为1000℃，满足热力循环的需要。

（5）利用一次风穿透燃料，并且搅动料层，增加燃料的空隙率，保障良好的燃烧结构，进行完全燃烧。

（6）利用炉排短振、常振的方式，颠覆床料；增加燃料与氧的结合面，均衡炉排料层高度，强化燃烧，防止炉排结焦。

（7）利用前、后上二次风，根据燃料种类、质量，控制排烟温度。

（8）合理掺配燃料，硬质燃料为40%、轻质燃料为60%，防止播散轻质燃料时，在播料风和二次风的作用下飞逸上升。

（9）利用一、二次风6∶4或5∶5的配比和空气预热器旁路、烟气冷却器旁路的作用，控制锅炉膛排烟温度小于135℃。

2. 调整前的工况

（1）一次风量高端为18t/h、中端为30t/h、低端为16t/h。

（2）二次风量前下为1.1～1.6t/h、前上为0.5t/h，后下为0.5t/h，后上为1.0t/h。

（3）播料风压为3.6kPa。

（4）风温为192℃。

（5）炉排振动为1500s/20s。

（6）汽压为 7.5～8.5kPa。

（7）空气预热器前风压为 4.8kPa。

（8）氧量为 4%～6%。

（9）排烟温度为 135℃。

3. 燃烧调整的风量参考值

28～30MW 负荷工况下锅炉配风参考值见表 5-23。

表 5-23　　　　　28～30MW 负荷工况下锅炉配风参考值

项　　目		参考值
风压（高温空气预热器出口，kPa）		4.6～5
播料风压		3.5
氧量（%）		3～5
一次风（t/h）	高端	12
	中端	32
	低端	15
二次风（kPa）	后墙下	1.5
	前墙下	0.8
	后墙上	1.2～1.5
	前墙上	0.4～0.6
炉排振动（s）	间隔时间	900
	振动时间	15

4. 炉墙后拱温度

此次检修在炉墙后拱加装了温度计，可以据此控制该区域温度，使燃烧温度不超过灰渣融化温度为 830℃，因此，在任何情况下，该区域温度不能高于 830℃，就能够有效地防止后拱结焦、腐蚀。

（三）燃烧调整后的新发现

锅炉点火后，运用上述观点进行了燃烧调整。

1. 正面效应

（1）炉膛全床燃烧，充满度极好，热强度得到了极大的提高。

（2）锅炉完全燃烧程度极大改善，燃料单耗降低 100g/kWh，锅炉效率得到了提高。

2. 负面影响

（1）锅炉运行 18 天以后发现，由于追求燃烧速率，造成强化燃烧，使得燃烧上移，炉膛出口过热器部位结焦，后拱水冷壁处结焦严重。

（2）由于炉膛出口过热器区域结焦，流通截面缩小、流通阻力加大，引风机出力增加。

3．水冷壁结焦的分析

（1）由于炉后下二次风由 0.4kPa 提高到了 1.5kPa，炉后上二次风由 1kPa 提高到了 1.2kPa。目的是利用二次风的强劲搅动、回旋作用，在拱下炉排上面建立强烈燃烧，生成满足蒸发量需要的容积热负荷。但是，燃料燃烧时产生的热量，促成了 1000℃的炉膛温度，超过了燃料灰熔点，产生了水冷壁结焦。

（2）水冷壁结焦的影响超过了燃烧完全带来的益处，需要进行安全经济比较后才能确定调整方案。

4．改进后燃烧调整的思路

（1）在建立锅炉高效燃烧的同时，兼顾水冷壁结焦的问题，即在炉膛温度能够保证燃料尽可能完全燃烧的前提下，降低到燃料灰分熔点以下，防止水冷壁结焦。

（2）减少后墙上、下二次风，增加前墙上、下二次风，以减弱后墙燃烧强度，将燃烧中的向炉排前端转移，以此减少后墙结焦程度。

（3）风量的参考值

28～30MW 负荷工况下锅炉配风参考值见表 5-24。

表 5-24　　　　28～30MW 负荷工况下锅炉配风参考值

项　目		参考值
总风压（kPa）		4.5
播料风压（kPa）		3.5
氧量（%）		3～5
一次风（t/h）	高端	18
	中端	32
	低端	16

项　目		参考值
二次风（kPa）	后墙下	0.6
	前墙下	0.6
	后墙上	1～1.2
	前墙上	0.8～1
炉排振动（s）	间隔时间	600
	振动时间	15

经过上述的锅炉燃烧调整，基本避免了锅炉结渣，燃烧趋于一个合理的工况，避免了因锅炉结渣而停炉。

锅炉燃烧调整是一个复杂的、多变的过程，是值得探讨的永恒课题。

5.32　关于生物质锅炉联合炉排改造的一点看法

某 48t/h 生物质锅炉投产多年，由于锅炉炉排设计容量不够，燃料水分、灰分含量大，炉排高端不容易着火，又相应地缩短了炉排长度，使得燃烧不完全、灰渣和飞灰含碳量一直较大，锅炉效率不高。虽然采取过多种办法，但是没有根本性的改变。

某大学和某锅炉厂研制的联合炉排的方式，增加了炉排的长度，燃烧预热段的增加，燃料干燥、气化充分，燃烧时间有了保障，锅炉容积热量提高，不完全燃烧损失减小，锅炉效率提高。

联合炉排形成了两个燃烧区域，即分级燃烧。分级燃烧是把燃烧所需要的空气量分两级送入炉膛，第一级的空气量从炉排的下部送入；第二级的空气量从上部送入，两级之间的距离为 1.5～2m。改造后，重点是促使炉排高端区域燃料的气化形成。

采用两级燃烧法，在炉排高端区域（第一段燃烧区）过量空气系数小于 1.1，为缺氧燃烧。由于燃料不能完全燃烧，火焰温度比较低,在入炉燃料比较湿、水分大于 25% 时,主要起到燃料的干燥、还氧气氛形成的作用,为进入第二阶段强力高温燃烧做准备。在燃料比较干燥、水分小于 20% 时,有一部分可能着火,燃料很干燥、水分小于 10% 时,炉排高端可能全部着火。

锅炉的燃烧着火不光需要增加炉排的容积,更重要的是燃料的水分和灰分含量与炉膛温度的关系。生物质燃料进入高端炉排,由于高端温度低,不能着火,继续进入的燃料层层堆积,使炉排高端温度继续下降,只有加大一次风,往往只起到了燃料干燥的作用。大量的燃料在炉排中端高温区就产生了燃烧时间不足,烧不透的燃料到了炉排低端,又由于温度不够、燃烧时间不足,带进了捞渣机。解决这个问题,可以从以下两方面考虑。

一、利用联合炉排的方法

有了联合炉排,炉排高端燃料充分加热、干燥、气化。在燃烧动力区,保证较高的炉膛温度,尽早地建立燃烧工况,充分保证了燃料时间,利于全床燃料的燃尽。

锅炉在高端区域的动力燃烧,最需要的是炉膛温度,根据该物理特点,可以提高高端区域的一次风温。生物质锅炉的空气预热器为外置式,利用给水温度提高风温,出口风温设计为 194℃(煤粉锅炉一般为 300~450℃)。又根据生物质燃料的气化分解点为 470℃,当炉排高端没有明火、没有足够的热烟气卷吸时,很难形成燃料的气化。可以看出,即使有了联合炉排,高端不着火,只能起到一种作用,即为推迟的火焰中心提供了干燥的燃料或一部分可燃气氛。由此可以看出,生物质锅炉最大的技术原因就是进入燃烧的风温太低,不能促成炉排高端着火。

因此提高高端区域的一次风温成了主要任务。炉排一次风温193℃的设计值,是生物质锅炉燃烧最大的问题,提高一次风温是生物质锅炉燃烧的当务之急,火焰着火稳定,燃烧效率提高;强化最初的热量交换和质量交换,产生了脉动燃烧。煤粉炉煤粉射流离开燃烧器就能着火;对冲燃烧切向周界,使得炉膛热浪相互引燃。但是,生物质锅炉做不到这一点,这也是面对炉排改造需要思考的问题。

二、提高炉排高端一次风温，建立高端区域着火

只要炉排高端区域发生了着火，全床燃烧就能形成，容积热负荷就得到了保障，不完全燃烧损失自然下降，锅炉效率就会提高。

从炉膛出口引一路烟气到炉排高端风室，利用高温烟气的热量，催化高端区域的燃料，建立燃烧。但是，产生热烟气的动力速度有待探讨。

高端炉排高温缺氧燃烧，燃料型 NO_x 的生成量也减少，尽管还氧性气体容易结焦，但是温度达不到灰分的软化温度。并且形成的烟气幕帘隔离着火焰中心对高端水冷壁的的作用，防止了高温结焦腐蚀的发生。

在炉排的中端建立理想的火焰中心，使用二次风需要找准火焰长度的切入点，如果过早进入将造成燃烧紊乱，正常燃烧工况难以建立；过迟进入又将冷却炉膛温度，造成燃烧不完全。合理的利用一、二风的配合，控制炉内的燃烧速度和烟气上升速度。稳定的锅炉燃烧最主要的就是控制燃烧炉内速度，也就是燃烧速率。

因炉膛的冷却作用，火焰温度已降低，因此，在第二段燃烧区域中，虽然过量空气系数大于1，火焰中有剩余氧存在，不容易结焦，但需要控制烟气中碳的浓度。应保证空气与燃尽区火焰的混合良好，否则将造成不完全燃烧；所以应研究使用燃尽风。

此外，锅炉改造后，炉排振动、受热面、汽水循环、烟气平衡通风等都可能出现变化。

5.33 炉膛前拱结焦的分析

一、前拱结焦的原因

(1) 炉排孔眼高端由 $\phi 5$ 扩大为 $\phi 12$，中端由 $\phi 5$ 扩大为 $\phi 8$。

扩大孔眼后的炉排，一次风穿透能力降低，干燥、气化作用推迟；燃烧速率下降。一、二次风失去了配合的切入点，一次风不能穿透、二次风不能扰动，燃烧停留在表层，深层燃烧只在炉排振动时发生，炉内燃烧温度场不均衡，很难构建良好的燃烧工况。

（2）燃烧调整盲目。经试验，前墙二次风门当开度为25%时才是0位，运行时开度为30%，仅仅是刚过风，风压表没有显示，即认为表计不准，造成了前墙严重缺风运行。后墙二次风压为3.1kPa，大量强劲的风将燃烧中心火焰吹向了前拱，造成了炉膛前拱区域高浓度、高温度聚集，为锅炉结焦创造了条件。后墙二次风的作用又使炉排低端温度急速下降，不完全燃烧增加，炉排温度分布紊乱。

（3）燃料掺配不均匀，混入的花生壳燃点低、发热量高，当炉膛温度大于灰熔点50℃以上时，锅炉结焦就成为必然。

二、锅炉燃烧调整

1. 调整前工况（30MW负荷）

（1）锅炉配风见表5-25。

表5-25　　　　锅　炉　配　风

项　目	总风压	氧　量	炉排总风量
参数	6.0kPa	3%	88t/h

项　目	点火风量	前二次风压	后二次风压	燃尽风量
参数	13t/h	0kPa	3.1kPa	16t/h

（2）炉膛温度见表5-26。

表5-26　　　　炉　膛　温　度

位　置	前墙左	前墙中	前墙右	过热器出口
温度（℃）	880	820	905	810

2. 调整后工况（30MW负荷）

（1）锅炉配风见表5-27。

表 5-27 锅 炉 配 风

项　目	总风压	氧量	炉排总风量
参数	6.8kPa	5%	100t/h
项　目	点火风量	前二次风压	后二次风压	燃尽风量
参数	13t/h	2.7kPa	2.0kPa	17t/h

（2）炉膛温度见表 5-28。

表 5-28 炉 膛 温 度

项　目	前墙左	前墙中	前墙右	过热器出口
参数	786	649	760	660

三、燃烧调整效果

燃烧调整得到了比较理想的效果，炉膛温度平均下降了 165℃，水冷壁受热面温度低于了灰熔点温度，不会再发生前拱大面积结焦。在炉排风眼和风室未进行改造前，该燃烧调整方向，符合锅炉燃烧的要求。

5.34 锅炉炉排风孔改造后给燃烧带来的影响

一、炉排设计规范

该锅炉风室原设计为等压风室，燃烧室断面呈矩形，深度×宽度＝6480mm×9200mm、炉排开孔约 308 个/m²、炉排风孔直径为 5mm、孔距为 50mm、炉排风量大小依靠一台翻板门控制。

二、改造原因

因炉排出现严重结焦事故，最终导致机组停运。

（1）锅炉燃烧调整方法存在不足，致使炉排结焦。在高负荷情况下（22MW 左右），炉排料层较厚，而振动频率小、振动时间短、送风机出口压力偏低（5.5kPa）和风量不足导致炉排上燃料缺氧燃烧，炉排结焦。

（2）未能及时发现炉排结渣和捞渣机的落渣井被焦块堵塞的问题，未对落渣井和侧墙水冷壁振动异常现象进行分析。此外，观火孔的数量不足和布置不合理也是未能及时发现炉排结渣的客观原因。

（3）发现炉排结渣后，处理方法不得当，未果断地大幅度降负荷。为了保负荷，机组负荷降低不多（10MW 左右），入炉燃料量仍然很大；在打焦过程中，灰渣不能正常落入渣井且炉排停运时间较长，客观上加剧了炉排的结焦。

（4）1 号捞渣机落渣井中多根支撑槽钢阻碍了焦渣的下落是导致炉排结焦加剧的重要原因。

三、改造措施

为了提高锅炉干燥区风量，对高、中端炉排上的风孔直径进行了扩孔，具体方案为风孔数量不变，将柔性管对应的高端炉排 22 行风孔（沿进料口向落渣口方向，炉排第 1~22 行）的直径 5mm 改为 12mm，其他中、高端炉排的 50 行风孔（沿进料口向落渣口方向，第 23~72 行）的直径 5mm 改为 8mm。

四、改造的效果

燃料进入炉排，阶梯式分段燃烧，与链条炉大致相同。燃料由四台螺旋给料机将燃料送入炉内，落到炉排上，然后跟随着炉排的间断振动向后运动。一次风由下而上穿过炉排孔及燃料层进行燃烧。

但是，炉排风孔改造后，在总风量一定时炉排风量和风压发生了改变；高、中端炉排风孔扩孔数量占总风孔数量的 2/3 左右，导致在同一风压下扩孔区域风量增大，风速降低，炉排风对燃料的穿透力大大降低，造成热风与干燥区深层燃料不能得到充分接触，使入炉燃料无法正常均匀干燥。燃烧区料层高低不平，炉排通风不均匀，料层薄的区域形成空穴，料层厚的区域吹不动，炉内温度场失衡，造成了炉排结焦或不完全燃烧，无法构建一个良性的燃烧速率，锅炉效率降低。

5.35　炉排孔眼扩大后对燃烧影响的思考

为了增加高端和中端炉排的干燥能力，满足燃烧风量，增加了炉排风孔的直径。高端由 $\phi5$ 扩大为 $\phi12$，中端由 $\phi5$ 扩大为 $\phi8$。

炉排改造以后，在运行中发生了一些问题。

由于炉排风室高、中、低端贯通，没有形成自己独立的风室，一次风增、减同时进行，通过各自的风孔与燃料发生作用。总风量少了，一次风的干燥、气化作用下降，燃烧速率降低，不完全燃料损失增加，也容易结焦；总风量大了，一次风使得火焰中心上移，火焰和烟气的炉内速度加快（火焰的穿透、烟气的流速是构成良好锅炉燃烧最根本的因素），炉膛出口温度升高，过热器容易结焦，排烟温度也高。

炉排孔眼扩大了，风量提高、风速降低。背离了一次风是利用风速穿透燃料，形成燃烧空隙、增加接触面积、构建燃烧工况的原则。生物质燃料进入高端炉排吸收炉内热量进行干燥、分解、气化，此时需要的是高温一次风以极快的速度穿透，在穿透的同时进行气化，提升还原性气氛，使燃料进入燃烧的临界状态。孔眼扩大后，风速下降，不能穿透层层积累的燃料；达到燃料燃烧临界点的时间增加，为了保障锅炉容积热负荷，只能增加大于锅炉燃烧蒸发量的燃料，即使用过多的燃料，使得炉排局部温度过高，燃烧不能充满炉膛，燃烧效率下降。中端炉排孔眼扩大，使一次风使用困难。一次风使用过多，使得火焰上移，3 号级过热器超温，用小了，不能穿透厚料层，缺少了扰动，形成表面的动力燃烧，强烈燃烧工况无法建立。

炉排孔眼扩大的改造，从科学合理性和多年运行实践里，都不成功，而是破坏了炉排燃料布置，难以构成合理的锅炉燃烧工况。

炉排床层燃烧技术不同于煤粉炉的主要特点是燃料进入炉排

在高端区域完成燃料的干燥、分解、气化，由于燃料的大小不一、长短不同，水分和灰分含量不一样，完成燃料状态转化所需要的时间不一样，因此，达到临界燃烧点的过渡也不同。

燃料在炉排高端区域快速气化、着火，最需要的是温度，但是，进入的一次风温度小于190℃，生物质燃料的气化点是470℃，如果没有中端炉排火焰的界面迎火效果，一般说，高端着火燃烧是不现实的，这个事实已经被无数生物质电厂所证明。同时也佐证了，灰秆锅炉燃料在播料风的吹动下，途经炉排火焰中心，轻质碎料立即燃烧、硬质燃料多被气化，达到了燃烧临界，燃烧速率好于黄秆锅炉。

该项目炉排，希望恢复到设计层面，并且将炉排风室分隔为高、中、低三段，在进入风室的管道加装电动挡板调节。

5.36　48t/h生物质锅炉改造方案

围绕着48t/h生物质锅炉改造，华北大学、济南锅炉厂和国能生物发电公司进行了多次讨论，已经有了基本的改造方案，即采取联合炉排的方式，增加炉排面积30%，以改变锅炉燃烧工况，减少不完全燃烧损失。

联合炉排的方式有很大的合理性和科学性，改造是必须的。但是，锅炉改造以后，难以保证炉排的严密性、振动工况、燃烧动力场、燃烧速率、受热面换热、汽水循环、炉渣含碳量不受影响。改变炉排就是改变了生物质床层燃烧，属于破坏性改变。

使用联合炉排的设想，基于48t/h生物质锅炉灰渣含碳量太高，炉排容积不够，燃烧不能够完全。在现场，从人孔门往里看，发现炉排高端不能着火，堆积着厚厚的燃料，有大量的水蒸气溢出，燃烧集中在炉排中端区域，炉排低端也堆积着较厚的正在燃烧的燃料，在燃料还没有烧透时，就完成了燃料到灰渣的流程，导致灰渣可燃物太高。

一般认为，燃料进入炉排高端干燥、热解、气化同时完成，就应该及时着火，就像煤粉炉一样，喷入炉膛，立即燃烧。其实并不一样，煤粉炉的燃料流程为原煤在磨煤机内干燥粉碎，脱去了外表和固有水分，完成了燃料的物理过程。进入一次风管后，在350~450℃高温风的作用下进行化学的气化分解，从燃烧器喷入炉膛的是含有大量可燃气体的临界燃烧温度的煤粉，与炉膛1200℃的高温气浪混合，马上着火燃烧。

生物质燃料没有条件在炉外实现干燥→脱水→气化→分解。长度不一、大小不等含着水分和灰分的燃料，只有进入炉膛才开始进入物理干燥程序，燃料在不到190℃热风里干燥，生成了大量的水蒸气，降低了该区域的炉膛温度。根据入炉燃料的干燥程度，只有一小部分还原性物质逸出，在进入炉排高端区域时，由于燃料的吸热作用，使这个区域的温度降低，使其无法立即生成明火。就好像用火柴点湿木片一样，是无法点燃的。

因此，可以判断生物质锅炉，借用煤粉炉的燃烧原理，最大的失误就是一次风温度太低，利用汽轮机高压加热器来的215℃热水与锅炉空气预热器进行炉外热交换，一、二次风温最高为193℃。193℃的风温只能使燃料干燥，释放出水蒸气吸收本来不高的炉膛温度。造成的结果就是燃料进入炉膛，无法着火，只能层层堆积，1/3的高端炉排被不能着火的燃料占用了，燃料在炉排振动过程中到了炉排中端、低端，燃料还未有充分燃烧就进到渣井，留给燃烧的时间不够。

综上所述，48t/h生物质锅炉最主要的是由于炉排高端进入的一次风温低，不能着火。其实这也是各类生物质锅炉的通病，尤其以黄色秸秆锅炉为重。而灰秆锅炉因为燃料在播料风的输送下进入炉膛有一个散播过程，流经炉膛时在高温热浪的作用下，部分燃料迅速干燥气化发生了燃烧，所以不完全燃烧损失小，是灰渣含碳量小于黄秆锅炉的重要原因。

基于上述原因推出了联合炉排的模式。由于联合炉排不确定的因素太多，投资太大，破坏性的改造风险系数太高，无法确定改造后的锅炉效率能够提高多少。可以设法提高进入炉膛的一次风温度，将一次风温提高到 350℃以上，即使高端炉排一半着火了，也会大大提高整体炉膛温度，提高燃烧速率，降低灰渣含碳量。

欧洲最早生产钢铁时，炼钢炉焦炭燃烧用的风是自然风，当进入炼钢炉的风温提高到 160℃时，焦炭使用率下降了 1/3，现在炼钢炉风温已经提高到了 1200℃，焦炭使用率大幅下降。

借用这个经验，可以设想，在进入高端的一次风管道内，装置电磁放热设施，利用电乌丝放热提高风温。或者像流化床锅炉那样，增加一组热烟交换器，利用一次风带走油枪产生的热量或从烟冷器上部提取一路烟气与空气预热器换热提高风温。这几个方案有待专家论证，优化比较。

如果一次风热风温度提高到 350℃以上，高端燃烧达到了气化温度，再接受炉内的高温热浪冲击，燃料的气化作用就会迅速形成，就会立即形成燃烧，就能够实现炉排全床着火、提高炉排利用率。燃烧面积增加后，燃烧过程相对增加，燃尽程度就能好转，灰渣含碳量就会下降，锅炉效率就能提高。

5.37 新建生物质锅炉燃烧调整的指导意见

某生物质锅炉从点火以来，一直存在灰渣、炉灰含碳量高，不完全燃烧损失大的现象，严重影响了锅炉效率。

一、产生的原因

（1）燃料。轻质燃料稻壳掺配量为 1/3、硬质燃料树皮掺配量为 1/3、剩下的 1/3 燃料是树皮粉碎后形成的轻质绒状物。有时还掺配一些小麦秸秆。锅炉燃烧主要以轻质燃料为主。

（2）燃烧调整思路不正确。锅炉燃烧一味的追求高负荷，考虑锅炉效率太少。大量使用一次风，用一次风制造高效的燃烧速率，用高效的燃烧速率，造成锅炉容积热负荷。结果是火焰上移、烟气携带着灼热的未燃尽碳粒通过过热器出口，其中有一部分继续燃烧，造成尾部烟道温度高，不能燃烧的高温颗粒附着在受热面或烟气的遮向处，形成溶焦。

（3）没有合理的使用燃尽风。使用燃尽风的原则不清楚，不能根据燃烧工况变化的趋势调整燃尽风，不能准确地依据燃烧工况变化确定使用燃尽风量，只是依据氧量的变化来调整燃尽风，燃烧调整的切入点找不准，跟不上燃烧变化的节奏。因此，燃尽风的使用量总是滞后，不能有效地抑制火焰的上升，使得过热器烟气出口温度经常处于高温状态。

（4）锅炉点火风被设计人员错误的取消了，是为了避免点火风的射流吹坏柔性管，这样又失去了一种燃烧调整的手段。

（5）在锅炉燃烧形成的整体效率和受热面保护方面，没有深刻、全面地理解丹麦生物质锅炉整体设计思想，使锅炉燃烧调整缺失了一种重要的手段。

（6）由于取料机螺旋方向设计错误，不符合生物质床层燃烧的基本规律。10 号、40 号线下料量很难控制，形成了炉排燃料两侧高、中间低的现象。炉排两侧堆积的燃料，不可能依靠炉排振动，在有限的锅炉燃烧时间里全部烧透，使得灰渣含碳量很难降低，造成了锅炉效率下降。

（7）操作人员对锅炉燃烧没有深入的探讨，只根据参数变化追随着调整。调整缺少整体概念。上料人员在上料过程中，没有和锅炉燃烧调整人员默契配合，只注重上料的便利，缺少锅炉燃烧的思维，结果是锅炉燃烧不完全，取料机、给料机经常堵塞。

二、原因分析

（1）燃烧速率过高。燃料通过给料系统进入到炉排，在强力一次风的作用下，进入了干燥、气化、着火的过程。由于一次风进入炉排过于强烈，燃料间的空隙率增大，在炉膛足够高的温度里扩散燃烧，形成了很高的燃烧速率。过高的燃烧速率具有建立高负荷的能力，但是破坏了燃烧的稳定性，高速烟气气流携带着未能燃尽的炭颗粒，上升到了过热器出口。未能燃尽的炭颗粒在上升的途中继续燃烧，使得三级过热器及尾部烟道温度居高不下。过量的烟气携灰，在高温下容易生成焦渣，附着在受热面管壁或烟气折向处。

由于燃烧速率过高，燃尽风使用不当，抑制不住火焰的上升，大部分轻质稻壳燃料不能稳定在炉排区域燃烧，随着烟气快速飞逸，不能在有限的燃烧时间里烧透，造成了燃烧程度降低，锅炉效率下降。

（2）烟气携灰量过大。燃料燃烧不完全，产生了更多的灰量，并将其带出炉膛，就需要更大的吸风机能量，以平衡锅炉燃烧的动态稳定。引风机能量的增加，势必造成烟气速度的提高。高速度的烟气不但进一步提升了锅炉燃烧速率，而且形成了尾部受热面的磨损，烟气携灰量越大，磨损越迅速、严重。

（3）炉渣含碳量高。由于取料机设计错误，造成了炉排两侧燃料堆积。堆积的燃料只能依靠炉排振动进行松动，形成易于燃烧的间隙。炉排振动能力又无法使堆积的燃料全部松动散开，使得一部分燃料在燃烧过程中不能燃尽，随着灰渣进入了捞渣机，造成了锅炉机械热损失，降低了锅炉效率。

大量的燃烧生成灰，随着烟气方向运动，造成了锅炉受热面积灰，不但降低了受热面的热交换程度，而且增加了烟气的流动阻力，锅炉燃烧和烟气速度的变化，将改变锅炉整体燃烧结构，产生一个不合理的锅炉紊乱燃烧。

（4）由于炉排一次风的过量使用，锅炉燃烧速率过高，燃烧形成的强力气流在炉排振动时，可能形成比较大的炉膛压力波动，使锅炉燃烧进入了一个强烈破坏性的扰动状态，锅炉燃烧经历着动态平衡→扰动扩散→动态平衡，周而复始的变化，锅炉燃烧不能持久稳定。

锅炉燃烧在炉排振动时的强烈扰动，使得大量的不完全燃烧产物随着烟气离开炉膛，热损失成倍数的增加。

三、锅炉燃烧调整

1. 燃烧调整思路

降低炉排高端、中端一次风量，尽量加强炉墙上部燃尽风，利用炉墙前、后二次风的旋流作用，将强力燃烧尽力控制在炉排区域。利用这样的方式，降低燃烧速率，增加燃料在锅炉燃烧的停留时间，保障锅炉燃烧程度，提高锅炉效率。

2. 燃烧调整方案

（1）燃料。轻质燃料稻壳掺配量为1/3、硬质燃料树皮掺配量为1/3、小麦秸秆为1/3。

（2）负荷。以20MW和28MW两种负荷为例，其他负荷段以此作为参考，稳定工况下锅炉配风参数见表5-29、表5-30。

表 5-29　　　　20MW 稳定工况下锅炉配风参考值

项　　目		参考值
总风压（kPa）		5.5
氧量（%）		3
一次风（%）	高端挡板开度	45
	中端挡板开度	45
	低端挡板开度	30
二次风（kPa）	后墙风压	1.2
	前墙风压	0.6
	燃尽风风压	1
炉排振动（s）	间隔时间	500
	振动时间	1
振动频率（Hz）		90

表 5-30　　　　28MW 稳定工况下锅炉配风参考值

项　　目		参考值
总风压（kPa）		6
氧量（%）		3
一次风（%）	高端挡板开度	55
	中端挡板开度	55
	低端挡板开度	40

续表

项　目		参考值
二次风（kPa）	后墙风压	2
	前墙风压	1
	燃尽风风压	2
炉排振动（s）	间隔时间	300
	振动时间	12
振动频率（Hz）		95

3. 锅炉燃烧调整措施

（1）炉排振动。当锅炉负荷低于 20MW，锅炉配风参数参照表 5-29；当锅炉负荷高于 28MW，锅炉配风参数参照表 5-30。并根据燃烧工况和料层厚度进行精心调整，振动前、后就地观察火焰颜色、料层厚度及捞渣机出渣（灰）颜色。

（2）加减料量、改变风量时要小幅度勤调、细调，当锅炉产生大的炉膛压力波动时，要及时减少料量和风量，维持炉膛温度，不可长时间的产生正、负压波动。当锅炉吹灰和炉排振动时要注意炉膛负压。

（3）振动炉排时要适当降低总风量，降低炉排一次风量，保持－100Pa 以上的炉膛压力，防止炉膛产生太大的压力波动。

（4）在炉膛温度较高，燃烧稳定时，适当增加二次风，并注意观察各区域的温度变化。随时观察着火情况和灰的颜色，既要保证炉膛强烈燃烧区域氧的及时穿透，形成一个相互引燃、剧烈扰动的火焰中心，又要保持火焰高度，以压制旋动火焰，相应的增加燃烧时间，保障 3 号过热器不超温，形成一个炉内沿着高度递次减弱的温度场，以使燃料完全燃烧，提高锅炉效率。

（5）经常观察锅炉进料口漏风和捞渣机漏风（保持捞渣机水封正常），防止大量冷风进入炉膛。

（6）入炉燃料需要掺混均匀，避免水分大的燃料或稻壳燃料瞬时大量进入炉膛，料场设专人负责燃料掺配，并且经常保持与运行人员联系。

（7）当发现给料机堵塞时，停止上级取料机运行，增加其他给料机的进料量，维持炉膛温度。

（8）保持炉排料层厚度，低端灰渣为 20～30cm，造成一个比较高的炉膛蓄热能力，在堵、断料时加强调整，防止偏烧，防止过热器出口温度直线下降。

（9）密切监视取料仓料位，保证炉前料仓始终有料，避免取料机空仓运行。

（10）建立正常的锅炉吹灰制度，保持正常的锅炉受热面的热交换，防止尾部烟道积灰，减少烟气携灰量，减少烟道阻力、减轻尾部受热面的磨损。

（11）运行中尽量提高热风温度和给水温度，尽量使尾部烟道受热面的温度达到设计值。空气预热器设计到炉外与锅炉给水形成热交换，是生物质锅炉设计的最大失误，因此，一般情况下不要开启空气预热器旁路，保持进入炉膛的热风温度，构建一个高效的锅炉燃烧工况，保障锅炉高效率。

经过锅炉燃烧试验，炉渣含碳量由 12％降低到了 6％，炉灰含碳量由 25％降低到了 18％，提高了锅炉效率。

参 考 文 献

[1] 刘荣厚，牛卫生，张大雷．生物质热化学转化技术．北京：化学工业出版社，2005.

[2] 孙立，张晓东，等．生物质发电产业化技术．北京：化学工业出版社，2011.

[3] 张永平，董长青，张姣姣．生物质发电技术．北京：中国水利水电出版社，2007.

[4] 钱伯章．生物质能技术与应用．北京：科学出版社，2010.

[5] 韩才元，徐明厚，周怀春，邱建荣．煤粉燃烧．北京：科学出版社，2001.

[6] 李耀艧，黄新元，陈景林．锅炉燃烧调整技术．北京：科学出版社，1994.